赤水桫椤保护区

鸟类

主　编◎吴忠荣　张廷跃

中国林業出版社
China Forestry Publishing House

图书在版编目（CIP）数据

赤水桫椤保护区鸟类 / 吴忠荣，张廷跃主编. -- 北京 : 中国林业出版社，2025.3.-- ISBN 978-7-5219-2746-7

Ⅰ. Q959.708-64

中国国家版本馆CIP数据核字第202456F8S3号

责任编辑 于界芬 张健

出版发行 中国林业出版社

（100009，北京市西城区刘海胡同7号，电话010-83143542）

电子邮箱 cfphzbs@163.com

网 址 https://www.cfph.net

印 刷 北京博海升彩色印刷有限公司

版 次 2025年3月第1版

印 次 2025年3月第1次印刷

开 本 787mm×1092mm 1/16

印 张 17

字 数 400千字

定 价 208.00元

赤水桫椤保护区鸟类

编委会

前　言

鸟类在生态系统中扮演着至关重要的角色，在维护生态平衡、促进生物多样性、传播种子和传粉等方面具有重要作用。鸟类亦具有重要的经济和文化价值，如观鸟活动，可以为当地居民提供一定的旅游收入。但是，随着气候环境变化、人类活动、城镇扩张等相关因素的影响，越来越多的野生动物面临着一定的生存威胁，这迫使我们需要让更多的人了解和认识这些自然界的美丽生灵，提高保护意识，才能更好地保护好鸟类及其他野生动植物资源，从而保护我们人类的生存环境。

赤水桫椤国家级自然保护区建立于 1984 年，地处贵州省北部赤水市城东南 44km 的赤水河流域，位于赤水市葫市镇、元厚镇境内，是我国亚热带地区生物多样性重点保护区域之一，拥有成片的古老孑遗植物桫椤，是以桫椤为主要保护对象的野生植物保护类型自然保护区。保护区山高坡陡谷深，地势西北低、东南高，海拔 290~1730m，以桫椤、竹海、丹霞地貌等自然资源著称。自保护区成立以来，用传统调查方法进行了两次全面的脊椎动物调查，记录到鸟类 180 种，隶属 17 目 47 科 118 属。编者自 2021 年开始对保护区鸟类进行全方位调查，截至 2024 年 12 月，结合历史资料，共记录鸟类 219 种，隶属 18 目 55 科。其中国家一级保护野生鸟类 1 种，为白冠长尾雉 *Syrmaticus reevesii*，国家二级保护野生鸟类 27 种，中国特有种 7 种。本书名录编制参照郑光美院士《中国鸟类分类与分布名录（第四版）》，并对每种鸟类的中文名、学名、英文名、保护现状、形态特征、生态习性、分布、濒危等级进行描述，每个物种还附有图片，增加了可读性和观赏性，使本书符合更多人群的阅读需求。

希望本书的出版能为鸟类学者和野生动物保护管理人员提供参考，也能为公众走进自然和认识自然提供途径。在此，对为本书出版提供经费支持的贵州省林业局和提供帮助的所有调查人员、图片作者等表示衷心的感谢！

由于编者水平有限，时间仓促，不足与错漏在所难免，希望广大读者与专家不吝指正。同时，希望通过我们的共同努力，保护好我们美丽的家园。

编　者

2025 年 2 月

凡　例

一、鸟类学术语

夏 候 鸟：夏季留居并繁殖的鸟，在该地为夏候鸟。

冬 候 鸟：仅在冬季留居的鸟，在该地为冬候鸟。

旅　　鸟：仅在春秋季迁徙时停留，既不在该地繁殖，也不在该地越冬的鸟。

迷　　鸟：在迁徙过程中，由于狂风或其他气候因子骤变，使其偏离通常的迁徙路径或栖息地，偶然到异地的鸟。

留　　鸟：终年留居在出生地而不迁徙，或有时只进行短距离游荡的鸟。

成　　鸟：发育成熟（性腺成熟）、羽色显示出种的特色和特征、具有繁殖能力的鸟。一般小型鸟出生后 2 年即为成鸟；大中型鸟需经 3~5 年后性成熟。

雏　　鸟：孵出后至廓羽长成之前的鸟，通常不能飞翔。

幼　　鸟：离巢后独立生活，但未达到性成熟的鸟。

亚 成 鸟：比幼鸟更趋向成熟的阶段，但未到性成熟的鸟，有时也作幼鸟的同义词。

早 成 鸟：出壳后全身被绒羽，眼睁开，有视力、听力，有避敌害反应，能站立、自行取食随亲鸟行走的雏鸟。又称离巢型鸟。

晚 成 鸟：出壳后体躯裸露，无羽或仅有稀疏羽，眼不睁，仅有简单求食反应，不能站立，要亲鸟保温送食的雏鸟。又称留巢型鸟。

半早成鸟：雏鸟在发育上属早成鸟，而在习性上为晚成鸟，滞留巢内，亲鸟喂一段时间才离巢，如鸥类。

半晚成鸟：初出壳雏鸟不全被绒羽，眼睁或未睁，脚无力不能站立，需亲鸟保暖喂食。

夏　　羽：为成鸟在繁殖季节的被羽，也称繁殖羽，是早春换羽而呈现的羽。

冬　　羽：繁殖期过后，经过一次完全换过的羽，也称非繁殖羽。
纵　　纹：与羽毛上的羽轴平行或接近平行的斑纹。
轴　　纹：与羽轴重合的纹，也叫羽干纹。
带　　斑：多羽连成的带状斑纹。
横　　斑：与羽轴垂直的斑纹。
端　　斑：位于羽毛末端的斑纹或斑块。
次 端 斑：紧靠近端斑的斑块。
羽 缘 斑：沿羽毛边缘形成的斑纹。
蠹 状 斑：极细密波纹状的斑纹或不规则细横而密的纹斑，像小虫在树皮下啃的坑道。

二、鸟体各部位名称

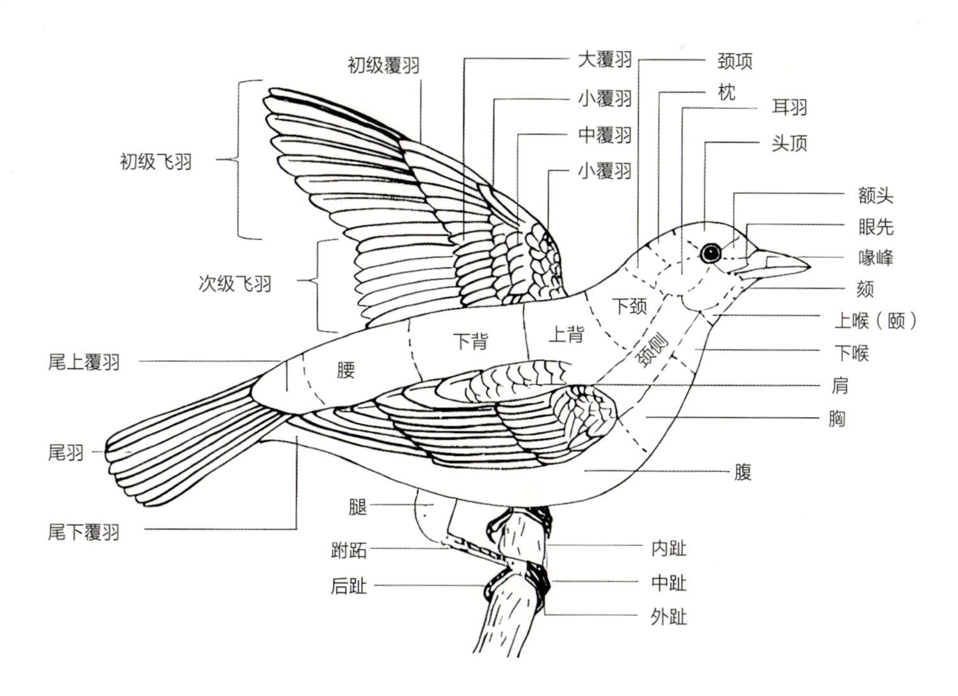

鸟类飞羽及体羽分区（引自郑作新，1982）

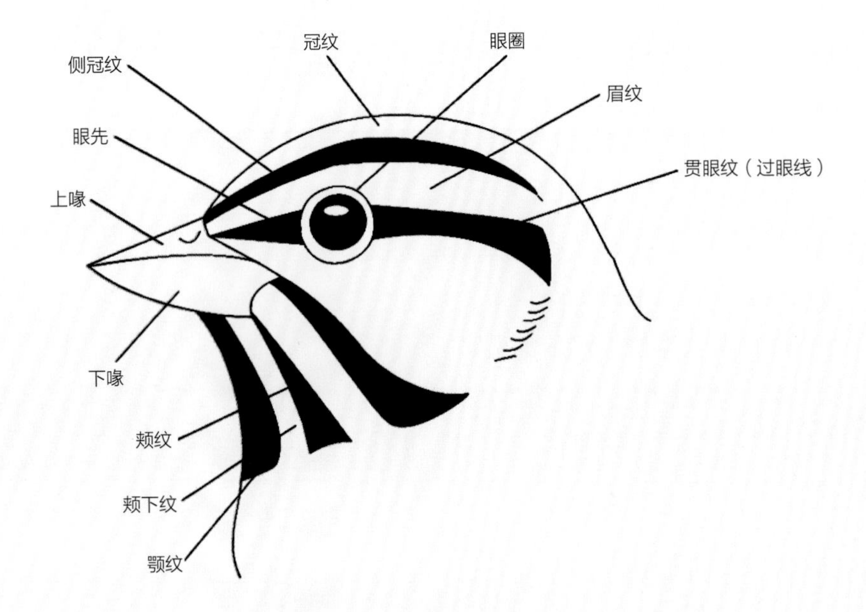

鸟类头部羽区（引自匡中帆，2020）

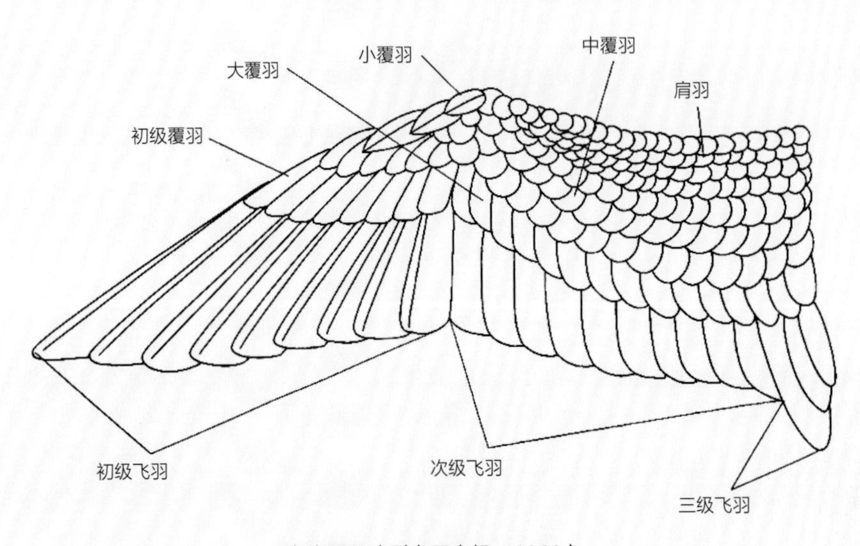

鸟类翼羽（引自匡中帆，2020）

鸟名生僻字

B

鸨	bǎo
鹎	bēi

C

塍	chéng
鸱	chī
鹚	cí

D

鸫	dōng

E

鹗	è
鸸	ér

F

凫	fú

G

鸪	gū
鹳	guàn

H

鸻	héng
鹱	hù
鹮	huán

L

鹂	lí
椋	liáng
鹩	liáo
䴕	liè
鸰	líng
鹠	liú
鹨	liù
鸬	lú
鹭	lù

J

鹡	jí
䳭	jí
鳽	jiān
鲣	jiān
鹪	jiāo
鸠	jiū
鹫	jiù
鸲	jú

K

颏	ké
鵟	kuáng

M

鹛	méi

鹲	méng
鹋	miáo

P

䴙	pì

Q

鸲	qú

S

杓	sháo
䴓	shī
薮	sǒu
隼	sǔn
蓑	suō

T

䴘	tī
鹈	tí

W

鹟	wēng
鹀	wú

X

鹇	xián
鸮	xiāo
鸺	xiū

Y

鸯	yāng
鹞	yào
鹬	yù
鸢	yuān
鸳	yuān

Z

鹧	zhè
榛	zhēn

目　录

前　言
凡　例
鸟名生僻字

第一章　绪　论

一、自然概况…… 3
二、鸟类研究历史…… 4
三、鸟类多样性…… 5
四、字段解释…… 6

第二章　鸟类分类描述

一、鸡形目

(一) 雉科

1. 红腹角雉 …… 9
2. 白冠长尾雉 …… 10
3. 红腹锦鸡 …… 11
4. 白腹锦鸡 …… 12
5. 环颈雉 …… 13
6. 白鹇 …… 14
7. 灰胸竹鸡 …… 15

二、雁形目

(二) 鸭科

8. 鸳鸯 …… 16
9. 斑嘴鸭 …… 17

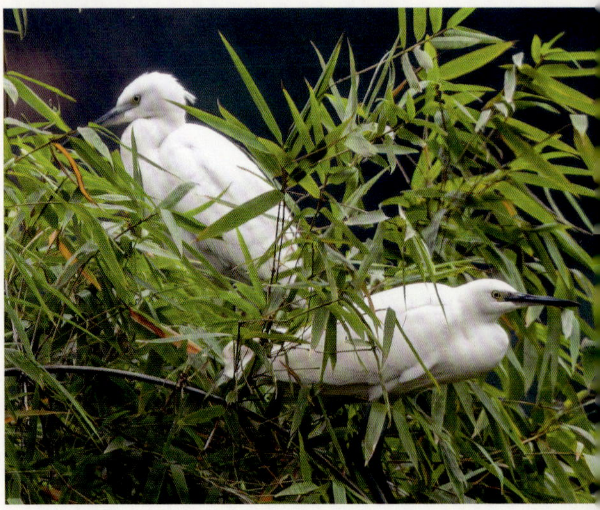

十、鸻形目

（十）鸻科

38. 灰头麦鸡 ………………………… 46
39. 金鸻 ………………………… 47
40. 长嘴剑鸻 ………………………… 48
41. 金眶鸻 ………………………… 49
42. 环颈鸻 ………………………… 50

（十一）鹬科

43. 丘鹬 ………………………… 51
44. 扇尾沙锥 ………………………… 52
45. 矶鹬 ………………………… 53
46. 白腰草鹬 ………………………… 54
47. 青脚鹬 ………………………… 55
48. 林鹬 ………………………… 56

（十二）鸥科

49. 西伯利亚银鸥 ………………………… 57

十一、鸮形目

（十三）鸱鸮科

50. 领鸺鹠 ………………………… 58
51. 斑头鸺鹠 ………………………… 59
52. 领角鸮 ………………………… 60
53. 灰林鸮 ………………………… 61

十二、鹰形目

（十四）鹰科

54. 黑冠鹃隼 ………………………… 62
55. 蛇雕 ………………………… 63
56. 凤头鹰 ………………………… 64
57. 白尾鹞 ………………………… 65
58. 黑鸢 ………………………… 66
59. 灰脸鵟鹰 ………………………… 67
60. 普通鵟 ………………………… 68

十三、咬鹃目

（十五）咬鹃科

61. 红头咬鹃 …… 69

十四、犀鸟目

（十六）戴胜科

62. 戴胜 …… 70

十五、佛法僧目

（十七）翠鸟科

63. 普通翠鸟 …… 71
64. 冠鱼狗 …… 72
65. 蓝翡翠 …… 73

十六、啄木鸟目

（十八）拟啄木鸟科

66. 大拟啄木鸟 …… 74

（十九）啄木鸟科

67. 蚁䴕 …… 75
68. 斑姬啄木鸟 …… 76
69. 黄嘴栗啄木鸟 …… 77
70. 灰头绿啄木鸟 …… 78
71. 星头啄木鸟 …… 79

十七、隼形目

（二十）隼科

72. 红隼 …… 80
73. 燕隼 …… 81
74. 游隼 …… 82

十八、雀形目

（二十一）黄鹂科

75. 黑枕黄鹂 …… 83

（二十二）莺雀科

76. 红翅䴗鹛 …… 84

（二十三）山椒鸟科

77. 灰喉山椒鸟 …… 85
78. 短嘴山椒鸟 …… 86
79. 长尾山椒鸟 …… 87
80. 灰山椒鸟 …… 88
81. 粉红山椒鸟 …… 89

（二十四）卷尾科

82. 黑卷尾 …… 90
83. 灰卷尾 …… 91
84. 发冠卷尾 …… 92

（二十五）王鹟科

85. 寿带 …… 93

（二十六）伯劳科

86. 虎纹伯劳 …… 94
87. 牛头伯劳 …… 95
88. 红尾伯劳 …… 96
89. 棕背伯劳 …… 97
90. 灰背伯劳 …… 98

（二十七）鸦科

91. 松鸦 …… 99
92. 红嘴蓝鹊 …… 100
93. 灰树鹊 …… 101
94. 喜鹊 …… 102
95. 小嘴乌鸦 …… 103
96. 白颈鸦 …… 104
97. 大嘴乌鸦 …… 105

（二十八）玉鹟科

98. 方尾鹟 …… 106

（二十九）山雀科

99. 黄腹山雀 …… 107
100. 大山雀 …… 108
101. 绿背山雀 …… 109

（三十）扇尾莺科

102. 棕扇尾莺 …… 110
103. 山鹪莺 …… 111
104. 纯色山鹪莺 …… 112

（三十一）鳞胸鹪鹛科

105. 小鳞胸鹪鹛 …… 113

（三十二）燕科

106. 崖沙燕 …… 114
107. 淡色崖沙燕 …… 115
108. 家燕 …… 116
109. 烟腹毛脚燕 …… 117
110. 金腰燕 …… 118

（三十三）鹎科

（三十四）柳莺科

（三十五）树莺科

（三十六）长尾山雀科

（三十七）鸦雀科

（三十八）绣眼鸟科

（三十九）林鹛科

（四十）幽鹛科

（四十一）雀鹛科

（四十二）噪鹛科

149. 灰翅噪鹛 ………………………… 157
150. 白颊噪鹛 ………………………… 158
151. 矛纹草鹛 ………………………… 159
152. 棕噪鹛 ………………………… 160
153. 橙翅噪鹛 ………………………… 161
154. 火尾希鹛 ………………………… 162
155. 蓝翅希鹛 ………………………… 163
156. 红嘴相思鸟 ………………………… 164
157. 黑头奇鹛 ………………………… 165

（四十三）䴓科

158. 普通䴓 ………………………… 166
159. 红翅旋壁雀 ………………………… 167

（四十四）河乌科

160. 褐河乌 ………………………… 168

（四十五）椋鸟科

161. 八哥 ………………………… 169
162. 丝光椋鸟 ………………………… 170
163. 灰椋鸟 ………………………… 171

（四十六）鸫科

164. 虎斑地鸫 ………………………… 172
165. 灰翅鸫 ………………………… 173
166. 乌鸫 ………………………… 174
167. 斑鸫 ………………………… 175

（四十七）鹟科

168. 鹊鸲 ………………………… 176
169. 乌鹟 ………………………… 177
170. 北灰鹟 ………………………… 178
171. 白喉林鹟 ………………………… 179

172. 棕腹大仙鹟 …………………………… 180

173. 棕腹仙鹟 ……………………………… 181

174. 铜蓝鹟 ………………………………… 182

175. 红胁蓝尾鸲 …………………………… 183

176. 小燕尾 ………………………………… 184

177. 灰背燕尾 ……………………………… 185

178. 白额燕尾 ……………………………… 186

179. 斑背燕尾 ……………………………… 187

180. 紫啸鸫 ………………………………… 188

181. 白眉姬鹟 ……………………………… 189

182. 红喉姬鹟 ……………………………… 190

183. 灰蓝姬鹟 ……………………………… 191

184. 赭红尾鸲 ……………………………… 192

185. 北红尾鸲 ……………………………… 193

186. 蓝额红尾鸲 …………………………… 194

187. 红尾水鸲 ……………………………… 195

188. 白顶溪鸲 ……………………………… 196

189. 蓝矶鸫 ………………………………… 197

190. 栗腹矶鸫 ……………………………… 198

191. 黑喉石䳭 ……………………………… 199

192. 灰林䳭 ………………………………… 200

（四十八）戴菊科

193. 戴菊 …………………………………… 201

（四十九）啄花鸟科

194. 纯色啄花鸟 …………………………… 202

195. 红胸啄花鸟 …………………………… 203

（五十）花蜜鸟科

196. 蓝喉太阳鸟 …………………………… 204

197. 叉尾太阳鸟 …………………………… 205

（五十一）梅花雀科

198. 白腰文鸟 …… 206

（五十二）雀科

199. 山麻雀 …… 207
200. 麻雀 …… 208

（五十三）鹡鸰科

201. 山鹡鸰 …… 209
202. 树鹨 …… 210
203. 粉红胸鹨 …… 211
204. 水鹨 …… 212
205. 黄鹡鸰 …… 213
206. 灰鹡鸰 …… 214
207. 白鹡鸰 …… 215

（五十四）燕雀科

208. 燕雀 …… 216
209. 锡嘴雀 …… 217
210. 黑尾蜡嘴雀 …… 218
211. 普通朱雀 …… 219
212. 酒红朱雀 …… 220
213. 金翅雀 …… 221

（五十五）鹀科

214. 凤头鹀 …… 222
215. 三道眉草鹀 …… 223
216. 西南灰眉岩鹀 …… 224
217. 黄喉鹀 …… 225
218. 小鹀 …… 226
219. 灰头鹀 …… 227

参考文献 …… 228
附　录 …… 230
中文名索引 …… 241
英文名索引 …… 245
学名索引 …… 249

赤 水 桫 椤 保 护 区 鸟 类

第一章

绪 论

赤 水 桫 椤 保 护 区 鸟 类

一、自然概况

赤水桫椤国家级自然保护区始建于 1983 年，前身为“赤水县金沙桫椤、小黄花茶保护点”，1984 年建立赤水桫椤自然保护区，1992 年升级为国家级自然保护区，是唯一一个以桫椤、小黄花茶及其生态系统为主要保护对象的国家级保护区。保护区地处赤水市境内，地理坐标为 105°41′~106°58′E、28°20′~28°35′N，海拔最低 330m，最高 1730m。保护区位于大娄山脉北支的西北坡，是由贵州高原向四川盆地降低的斜坡地带。

赤水桫椤国家级自然保护区属于中亚热带湿润季风气候，冬无严寒，夏无酷暑，日照少，气温高，湿度大，降水充沛，云雾雨日多。河谷 1 月平均气温 7.5℃，极端最低气温 –21℃；7 月平均气温 27.3℃，极端最高气温 41.3℃，日平均气温大于 10℃，年积温 3614~5720℃。河谷常年基本无霜雪，全年无霜期 340~350 天。平均降水量 1200~1300mm，平均相对湿度达 90%。

保护区动植物资源丰富，共记录维管束植物 193 科 788 属 2016 种，其中国家重点保护野生植物 48 种。有脊椎动物 308 种，其中国家一级保护野生动物 10 种，国家二级保护野生动物 40 种，中国特有种 43 种。

二、鸟类研究历史

赤水桫椤国家级自然保护区鸟类调查始于 1983 年保护区建立之时，主要调查时间为 1983 年 7~8 月，之后 1987 年 10~11 月开展第二次调查。这两次调查均由杨炯蠡、田应洲、邹迅、黄桂彬等开展，共采集鸟类标本 321 号，根据标本和野外直接观察，记录鸟类 14 目 35 科 110 种和亚种。后由于保护区面积增加，根据吴至康等在《贵州鸟类志》（1986）中记载的采自赤水的鸟类综合分析，将其中 55 种纳入保护区鸟类名录。

孙亚莉和屠玉麟（2004）补充了鸳鸯 *Aix galericulata*、白腹锦鸡 *Chrysolophus amherstiae*、红腹角雉 *Tragopan temminckii*、领角鸮 *Otus lettia*、灰林鸮 *Strix nivicolum* 等国家重点保护鸟类。2008—2013 年，保护区委托西南大学对保护区进行了多次科学考察及大量的标本采集，记录到鸟类 104 种。根据科学考察结果，并结合历史资料，印显明（2013）整理出保护区鸟类名录，共记录鸟类 182 种，隶属 17 目 48 科 115 属。

2021 年，保护区启动了鸟类专项调查项目，调查团队开展了 3 年野外调查，新增保护区鸟类 33 种，根据《中国鸟类分类与分布名录（第四版）》（郑光美，2023）编制保护区鸟类名录，共记录鸟类 219 种，隶属于 18 目 55 科。

三、鸟类多样性

截止到2024年12月，赤水桫椤国家级自然保护区共记录鸟类219种，隶属于18目55科。其中列为国家重点保护野生动物28种，其中国家一级保护野生动物1种，为白冠长尾雉 *Syrmaticus reevesii*，国家二级保护野生动物27种，分别为红腹锦鸡 *Chrysolophus pictus*、凤头鹰 *Accipiter trivirgatus*、画眉 *Garrulax canorus* 和红嘴相思鸟 *Leiothrix lutea* 等。列入《濒危野生动植物种国际贸易公约》（CITES）附录的有17种，其中附录I有1种，为游隼 *Falco peregrinus*，附录II有16种。列入《中国生物多样性红色名录》的有17种，其中濒危1种，为白冠长尾雉；易危1种，为白喉林鹟 *Cyornis brunneatus*；近危（NT）15种。中国特有种7种，分别为灰胸竹鸡 *Bambusicola thoracicus*、白冠长尾雉、红腹锦鸡、山鹪莺 *Prinia striata*、棕噪鹛 *Pterorhinus berthemyi*、橙翅噪鹛 *Trochalopteron elliotii* 和乌鸫 *Turdus mandarinus*。

依据《贵州鸟类志》（吴志康，1986）对赤水桫椤国家级自然保护区鸟类居留类型及区系进行的分析，有留鸟124种，夏候鸟38种，冬候鸟22种，旅鸟15种，夏候鸟或旅鸟3种，留鸟或旅鸟2种，留鸟或夏候鸟2种，留鸟或冬候鸟5种，冬候鸟或旅鸟7种。

对175种繁殖鸟（留鸟和夏候鸟）进行区系分析，有东洋种66种，古北种21种，广布种88种，其中东洋种及广布种占88%。由此可见，赤水桫椤自然保护区鸟类的区系构成以东洋界成分为主，即赤水桫椤自然保护区归属于东洋界。这与郑作新（1987）和张荣祖（2011）在中国动物地理区划中均将赤水桫椤自然保护区所处地理位置归属于东洋界的划分相符。

四、字段解释

字段	解释
《濒危野生动植物种国际贸易公约（2023 年版）》（CITES）附录	附录 I：列入《濒危野生动植物种国际贸易公约（2023 年版）》附录 I 的物种 附录 II：列入《濒危野生动植物种国际贸易公约（2023 年版）》附录 II 的物种
《国家重点保护野生动物名录》（2021 年版）	国家一级（一）：国家一级保护野生动物 国家二级（二）：国家二级保护野生动物
三有动物	国家保护的“有益的或者有重要经济、科学研究价值”的陆生野生动物
《中国生物多样性红色名录——脊椎动物 第二卷 鸟纲》受威胁等级	CR（Critically Endangered）：极危 EN（Endangered）：濒危 VU（Vulnerable）：易危 NT（Near Threatened）：近危 LC（Least Concern）：无危 DD（Data Deficient）：数据缺乏
居留类型	R（Resident）：留鸟 S（Summer visitor）：夏候鸟 W（Winter visitor）：冬候鸟 P（Passage migrant）：旅鸟 V（Vagrant migrant）：迷鸟 不明：不能确定居留类型
区系从属	东：东洋种 古：古北种 广：广布种
中国特有种	仅分布于中国境内的物种

赤 水 桫 椤 保 护 区 鸟 类

第二章

鸟类分类描述

赤 水 桫 椤 保 护 区 鸟 类

1. 红腹角雉

NT
近危

Tragopan temminckii

英文名 Temminck's Tragopan

体　长 60~68cm

保护现状 国家二级保护野生动物

红腹角雉（雌）　摄影 / 阎水健

形态特征 尾短。雄鸟绯红色，上体多有带黑色外缘的白色小圆点，下体带灰白色椭圆形点斑；头黑色，眼后有金色条纹，脸部裸皮呈蓝色，具可膨胀的喉垂及肉质角。雌鸟较小，具棕色杂斑，下体有大块白色点斑。虹膜褐色；喙黑色，喙尖粉红色；脚粉色至红色。

生态习性 单独或家族形式栖息于高山杜鹃林、箭竹林中，海拔 1000~1600m。性隐匿，善奔走，非迫不得已时不起飞，繁殖期常“哇哇”鸣叫，故有“哇哇鸡”之称。营巢在树上。

分布范围 陕西南部、甘肃南部、西藏东南部、云南、四川、重庆、贵州、湖北西部、湖南、广西北部。

红腹角雉（雄）　摄影 / 阎水健

白冠长尾雉 摄影 / 程立

中国特有种

2. 白冠长尾雉

Syrmaticus reevesii

英文名 Reeves's Pheasant

体长 ♂ 140~200cm ♀ 55~70cm

保护现状 国家一级保护野生动物

濒危

形态特征 雄鸟具超长的带横斑尾羽（长至 1.5m）；头部花纹呈黑白色；上体金黄色具黑色羽缘，呈鳞状。腹中部及股黑色。雌鸟胸部具红棕色鳞状纹，尾远较雄鸟为短。虹膜褐色；喙角质色；脚灰色。

生态习性 林栖鸟类，生活在海拔 600~2000m 的山区，喜在较为茂密的落叶阔叶林和针阔叶混交林内生活，林下灌木少而空旷。夜栖息于 4~5m 高且背风的乔木上。性机警畏人。

分布范围 河南西南部、陕西南部、甘肃东南部、云南东北部、四川、重庆、贵州、湖北、湖南西部、安徽西南部。

3. 红腹锦鸡

近危

Chrysolophus pictus

英文名　Golden Pheasant

体　长　♂ 86~100cm　♀ 59~70cm

保护现状　国家二级保护野生动物

红腹锦鸡（雌）　摄影 / 匡中帆

形态特征　雄鸟头顶、下背、腰及尾上覆羽金黄色；上背浓绿色；翎领亮橙色且具黑色羽缘；下体红色；尾长而弯曲，皮黄色，满布黑色网状斑纹，其余部位黄褐色。雌鸟黄褐色，上体密布黑色带斑，下体淡皮黄色。喙黄绿色；脚角质黄色。

生态习性　生活在多岩的山坡，出没于矮树丛和竹林间，主要栖息在常绿阔叶林、常绿落叶混交林及针阔混交林中。单独或成小群活动。早晚在林中或林缘耕地中觅食。

分布范围　河南、山西、陕西、宁夏、甘肃、青海、云南、四川、重庆、贵州、湖北、湖南。

红腹锦鸡（雄）　摄影 / 匡中帆

4. 白腹锦鸡

Chrysolophus amherstiae

英文名　Lady Amherst's Pheasant

体　长　♂ 110~150cm　♀ 54~67cm

保护现状　国家二级保护野生动物

近危

形态特征　雄鸟头顶、背、胸等金属翠绿色；枕冠紫红色；翎领白色，羽片中央横纹和羽缘墨绿色；腹部纯白色；尾长而具墨绿色斜形带斑和云石状花纹，尾羽羽端橘黄色。雌鸟上体多黑色和棕黄色横斑，喉白色，胸栗色并具黑色细纹；两胁及尾下覆羽皮黄色并带黑斑。虹膜褐色；喙蓝灰色；脚蓝灰色。

生态习性　栖息于海拔 1800~3600mm 有林山坡的低矮树丛和次生林中。

分布范围　西藏东南部、云南、四川西南部、贵州西部、广西西部。

白腹锦鸡（雄）　摄影 / 张卫民

环颈雉（雄） 摄影 / 郭轩

5. 环颈雉

LC
无危

Phasianus colchicus

环颈雉（雌） 摄影 / 沈惠明

英文名 Common Pheasant

体　长 ♂ 80~100cm　♀ 57~65cm

保护现状 三有动物

形态特征 雄鸟头部具黑色光泽，有显眼的耳羽簇，宽大的眼周裸皮呈鲜红色。有些亚种有白色颈圈。身体披金挂彩，满身点缀着发光羽毛，从墨绿色至铜色、金色；两翼灰色，尾长而尖，褐色并带有黑色横纹。雌鸟色暗淡，周身密布浅褐色斑纹。中国有 19 个地域型亚种，体羽细部差别甚大。虹膜黄色；喙角质色；脚略灰色。

生态习性 雄鸟单独或成小群活动，雌鸟与其雏鸟偶尔和其他鸟混群。栖息于不同高度的开阔林地、灌木丛、半荒漠及农耕地。

分布范围 新疆西北部、内蒙古、甘肃、青海、陕西、宁夏、黑龙江、吉林、辽宁、北京、天津、河北、河南、山东、山西、西藏东部、云南、四川、重庆、贵州、湖北、湖南、安徽、江西、江苏、上海、浙江、福建、广东、台湾。

白鹇（雄） 摄影 / 匡中帆

6. 白鹇

无危

Lophura nycthemera

白鹇（雌） 摄影 / 李利伟

英文名 Silver Pheasant

体长 60~70cm

保护现状 国家二级保护野生动物

形态特征 雄鸟上体白色密布黑纹；羽冠和下体灰蓝黑色；尾长，大都呈白色。雌鸟通体橄榄褐色，枕冠近黑色。脸的裸出部赤红色；在繁殖期有 3 个肉垂，一在眼前，一在眼后，一在喉侧。虹膜橙黄色；喙浅角绿色，基部稍暗；脚辉红色。

生态习性 栖息于多林的山地，尤喜在山林下层的浓密竹丛间活动，从山脚直至海拔 1500m 左右的高度。白天大都隐匿不见，晨昏觅食。叫声粗糙。昼间漫游，觅食、喝水都没有定向。警觉性高。食物主要为昆虫及植物种子等。

分布范围 云南、四川中部、湖北西部、贵州南部和西部、江西、江苏南部、浙江、福建西北部、广东、广西、海南。

7. 灰胸竹鸡

Bambusicola thoracicus

英文名 Chinese Bamboo Partridge

体　长 27~35cm

保护现状 三有动物

无危

形态特征 通体红棕色。上体棕橄榄褐色，背部杂显著的栗色斑。眉纹灰色。颏、喉及胸腹前部栗棕色，向后转为棕黄色。胸具蓝灰色带斑；胁具黑褐色斑。上背、胸侧及两胁有月牙形的大块褐斑。外侧尾羽栗色。飞行翼下有两块白斑。雄雌同色。虹膜红褐色；喙褐色；脚绿灰色。

生态习性 以家庭群栖居。飞行笨拙、径直。活动于干燥的矮树丛、竹林灌丛，至海拔1000m处。繁殖期雌雄常对鸣不已，鸣声响亮清晰。

分布范围 河南南部、陕西南部、甘肃南部、云南东北部、四川、重庆、贵州、湖北、湖南、安徽、江西、江苏、上海、浙江、福建、广东、广西。

灰胸竹鸡　摄影 / 匡中帆

8. 鸳鸯

Aix galericulata

英文名　Mandarin Duck

体　长　41~51cm

保护现状　国家二级保护野生动物

近危

形态特征　中等体型。雌雄异色。雄鸟羽色华丽，头顶具羽冠，眼后有一宽而明显的白色眉纹，延长至羽冠；翅上有一对明显的栗黄色帆状羽，易于识别。雌鸟不甚艳丽，无羽冠和帆羽，头和背呈褐色，具亮灰色体羽及雅致的白色眼圈及眼后线。雄鸟的非繁殖羽似雌鸟，但喙为红色。虹膜褐色；喙雄鸟红色，雌鸟灰色；脚近黄色。

生态习性　营巢于树上洞穴或河岸，活动于多林木的溪流。

分布范围　除西藏、青海外，见于各省份。

鸳鸯　摄影 / 张卫民

斑嘴鸭　摄影 / 郭轩

9. 斑嘴鸭

Anas zonorhyncha

英文名　Chinese Spot-billed Duck

体　长　58~63cm

保护现状　三有动物

无危

形态特征　体大的深褐色鸭。头色浅，顶及眼线色深，喙黑而端黄且于繁殖期黄色喙端顶尖有一黑点为本种特征。喉及颊皮黄色。翼镜闪金属蓝色，前缘的白斑窄或无。下体色暗，斑点不明显。虹膜褐色；喙黑色而端黄色；脚珊瑚红色。

生态习性　常成对或结成小群在各高原湖泊、水库、坝塘和河流浅滩地带活动或休息，亦见于河畔、河沟、沼泽和田间。冬季有时也见与绿头鸭等其他鸭类混群活动。食性较杂，主要吃水草等植物性食物，也吃少量螺类和水生昆虫等动物性食物。

分布范围　见于各省份。

10. 绿头鸭

Anas platyrhynchos

英文名 Mallard

体　长 55~70cm

保护现状 三有动物

无危

形态特征 中等体型，为家鸭的野型。雄鸟头及颈深绿色带光泽，白色颈环使头与栗色胸隔开。雌鸟褐色斑驳，有深色的贯眼纹。虹膜褐色；喙黄色；脚橘黄色。

生态习性 多见于湖泊、池塘及河口。冬季常集大群在湖泊上活动，夜间到岸边农田或沼泽地觅食。胃内见有水生植物和甲虫。

分布范围 见于各省份。

绿头鸭　摄影 / 郭轩

绿翅鸭（雄） 摄影 / 匡中帆

11. 绿翅鸭

LC

无危

Anas crecca

英文名 Green-winged teal

体 长 34~38cm

保护现状 三有动物

绿翅鸭（雌） 摄影 / 郭轩

形态特征 体型较小且飞行快速的鸭类，翅长在 200mm 以下。翅具鲜明的翠绿色而有金属光泽的翼镜，在飞行时明显。雄鸟头呈深栗红色，眼后有一道翠绿色带斑伸至后颈两侧；肩羽上有一道长长的白色条纹，深色的尾下羽外缘具皮黄色斑块；其余体羽多灰色。雌鸟褐色斑驳，腹部色淡。虹膜褐色；喙灰色；脚灰色。

生态习性 成对或成群栖息于湖泊或池塘，常与其他水禽混杂。飞行时振翼极快。以植物性食物为主，动物性食物次之。

分布范围 见于各省份。

12. 小䴙䴘

Tachybaptus ruficollis

英文名 Little Grebe

体长 23~29cm

保护现状 三有动物

无危

形态特征 体型较小。喙锥形；翅短小，尾羽松散而短小；跗跖侧扁，后缘鳞片主要呈三角形，锯齿状，趾具瓣蹼。繁殖羽喉及前颈偏红色，头顶及颈背深灰褐色，上体褐色，下体偏灰色，具明显黄色喙斑。非繁殖羽上体灰褐色，下体白色。虹膜黄色；喙黑色；脚蓝灰色；趾尖浅色。

生态习性 喜清水及有丰富水生生物的湖泊、沼泽及涨过水的稻田。通常单独或成分散小群活动。食物主要为小型鱼虾及水生昆虫等。筑浮巢繁殖。

分布范围 见于各省份。

小䴙䴘　摄影 / 张海波

13. 山斑鸠

Streptopelia orientalis

英文名　Oriental Turtle Dove

体　长　28~36cm

保护现状　三有动物

无危

形态特征　中等体型。上体以黑褐色为主；后颈基部两侧具羽端蓝灰色、羽基黑色的斑块；肩羽具锈红色羽缘；尾羽黑褐色，尾梢浅灰色，端缘灰白色。腰灰色。虹膜黄色；喙灰色；脚粉红色。

生态习性　喜结群活动于坝区边缘的低丘、山地和靠近农耕地的地方。常在农耕地觅食散落谷物，或在林中啄食果实。

分布范围　见于各省份。

山斑鸠　摄影 / 张廷跃

14. 火斑鸠

Streptopelia tranquebarica

英文名 Red Turtle Dove

体　长 20~23cm

保护现状 三有动物

无危

形态特征 体小的酒红色斑鸠。颈部的黑色半领圈前端白色。雄鸟头部偏灰色，下体偏粉色，翼覆羽棕黄色。初级飞羽近黑色，青灰色的尾羽羽缘及外侧尾端白色。雌鸟色较浅且暗，头暗棕色，体羽红色较少。虹膜褐色；喙灰色；脚红色。

生态习性 在地面急切地边走边找食物。

分布范围 除新疆外，见于各省份。

火斑鸠　摄影 / 匡中帆

珠颈斑鸠 摄影 / 张廷跃

15. 珠颈斑鸠

Streptopelia chinensis

英文名 Spotted Dove

体 长 27~33cm

保护现状 三有动物

无危

形态特征 中等体型的粉褐色斑鸠。头部鸽灰色。上体羽几呈褐色，后颈有宽阔的黑色领圈，密布白色或渲染棕黄色的珠状点斑；外侧尾羽黑褐色，末端白色，尾羽展开时白色羽端十分显著。下体呈葡萄粉红色。虹膜橘黄色；喙黑色；脚红色。

生态习性 常结群活动于田间及村寨附近或住家旁的大树上。经常在地面上或农田里觅食，鸣声响亮，声似“ku-ku-u-ou”，连续鸣叫多次。主要以各种农作物种子及杂草种子为食。

分布范围 北京、天津、河北、山东、河南、山西、陕西、内蒙古、宁夏、甘肃、青海、云南、四川、重庆、贵州、湖北、湖南、安徽、江西、江苏、上海、浙江、福建、广东、香港、澳门、广西、海南、台湾。

16. 白喉针尾雨燕

Hirundapus caudacutus

英文名 White-throated Spinetail

体长 19~21cm

保护现状 三有动物

无危

形态特征 体大的偏黑色雨燕。额近白色，眼先绒羽黑色，颏及喉部白色；头顶、颈、腰侧、尾羽等均为黑色，具蓝色或蓝绿色光泽，背部黑褐色。下体暗褐色，尾下覆羽白色。虹膜深褐色；喙黑色；脚黑色。

生态习性 栖息于海拔 400~1200m 的阔叶林及针阔混交林带，快速飞越森林及山脊。多在雨后飞于空中，数十只在空中捕食，有时低飞于水上取食。

分布范围 黑龙江、吉林、辽宁、北京、天津、河北东北部、山东、河南、内蒙古东北部、甘肃南部、青海、贵州、湖北、湖南、安徽、江西、江苏、上海、浙江、福建、广东、香港、广西、海南、台湾、西藏东部、云南西北部、四川。

白喉针尾雨燕　摄影 / 王大勇

短嘴金丝燕　摄影 / 匡中帆

17. 短嘴金丝燕

Aerodramus brevirostris

英文名　Himalayan Swiftlet

体　长　13~14cm

保护现状　三有动物

NT 近危

形态特征　体型略小的近黑色金丝燕。上体暗褐色，并缀以绿辉；腰部无白斑。下体灰褐色，尾略呈叉尾状，两翼长而钝。腰部颜色有异，从浅褐色至偏灰色，下体浅褐色并具色稍深的纵纹。腿略覆羽。虹膜色深；喙黑色；脚黑色。

生态习性　结群快速飞行于开阔的高山峰脊。用唾液粘连苔藓等营巢材料，巢置于悬崖峭壁的岩隙处。常见数十个巢集结在相近的岩壁上。在全黑条件下依靠声波定位。

分布范围　西藏东南部、山西、云南、四川东北部和中部、重庆、贵州北部、湖北西部、湖南、江苏、上海、浙江、广东、香港、广西、海南。

18. 白腰雨燕

Apus pacificus

英文名　Fork-tailed Swift

体　长　17~20cm

保护现状　三有动物

无危

形态特征　体型略大的污褐色雨燕。尾长且尾叉深，颏偏白，腰上有白斑。与小白腰雨燕的区别在于体大而色淡，喉色较深，腰部白色马鞍形斑较窄，体型较细长，尾叉开。虹膜深褐色；喙黑色；脚偏紫色。

生态习性　成群活动于开阔地区，常与其他雨燕混合。结群在悬崖峭壁裂缝中营巢。食物以昆虫为主。

分布范围　新疆北部、西藏东部和南部、青海南部、黑龙江、吉林、辽宁、北京、天津、河北、河南、山东、山西、内蒙古、宁夏、江苏、上海、海南、陕西、甘肃、四川、云南、重庆、贵州、湖北、江西、浙江、福建、广东、香港、澳门、广西、台湾。

白腰雨燕　摄影 / 张卫民

小白腰雨燕　摄影 / 黄吉红

19. 小白腰雨燕

Apus nipalensis

英文名　House Swift

体　长　13~15cm

保护现状　三有动物

无危

形态特征　中等体型的偏黑色雨燕。额、头顶和头颈两侧呈暗褐色，背、尾上覆羽和尾羽表面亮黑褐色。喉及腰白色，下体余部黑褐色，无白色斑纹，尾为凹形，非叉形。胸和腹部略具金属光泽，两性相似。虹膜深褐色；喙黑色；脚黑褐色。

生态习性　成大群活动，在开阔地带的上空捕食，飞行平稳。营巢于屋檐下、悬崖或洞穴口。

分布范围　山东、云南南部和西北部、四川、贵州、江苏、上海、浙江、福建、广东、香港、澳门、广西、海南、台湾。

20. 噪鹃

LC
无危

Eudynamys scolopacea

噪鹃（雄）　摄影 / 郭轩

英文名　Common Koel
体　长　39~46cm
保护现状　三有动物

形态特征　体型较大的杜鹃，翅长在 190mm 以上。喙、脚较一般杜鹃粗壮；跗跖裸露无羽；尾羽基本等长。雄鸟通体亮蓝黑色；雌鸟为褐色满布白色点斑，下体杂以横斑。虹膜红色；喙浅绿色；脚蓝灰色。

生态习性　喜栖息于山地森林、丘陵或村边的疏林中，多隐蔽于大树顶层枝叶茂密的地方。借乌鸦、卷尾及黄鹂的巢产卵。食性比其他杜鹃杂，除觅食昆虫外，亦吃各种野果。

分布范围　北京、河北、山东、河南、陕西南部、甘肃、西藏西部和南部、云南四川、重庆、贵州、湖北、湖南、安徽、江西、江苏、上海、浙江、福建、广东、香港、澳门、广西、台湾、海南。

噪鹃（雌）　摄影 / 吴忠荣

翠金鹃（雄） 摄影 / 匡中帆

翠金鹃（雌） 摄影 / 匡中帆

21. 翠金鹃

近危

Chrysococcyx maculatus

英文名 Common Koel

体　长 39~46cm

保护现状 三有动物

形态特征 体型较小，羽色艳丽。两性下体均具显著横斑。雄鸟头、颈、上体和胸部及两翅表面等辉绿色，具金铜色反光；尾羽绿而杂以蓝色，外侧尾羽具白色羽端；下体白色而具辉铜绿色横斑。雌鸟头顶及项棕栗色；上体余部及翅表辉铜绿色；尾羽色稍暗；下体白色，颏、喉处具狭形黑色横斑和宽形、呈辉绿的淡黑色横斑；尾下覆羽以栗色及黑色为主。虹膜淡红褐色至绯红色，眼圈绯红色；喙亮橙黄色，尖端黑色；脚暗褐绿色。

生态习性 非繁殖期通常见于山区低处茂密的常绿林，觅食于高树顶部叶子稠密的枝杈间，不易发现。繁殖期活动于山上灌木丛间。食物几乎全为昆虫。

分布范围 云南西南部、四川、重庆、贵州、湖北西部、湖南、广东、广西、海南。

22. 乌鹃

Surniculus lugubris

英文名 Drongo Cuckoo

体　长 24~28cm

保护现状 三有动物

无危

形态特征 中等体型的黑色杜鹃。通体黑蓝色，尾羽略呈叉状，但最外侧一对尾羽及尾下覆羽具白色横斑。幼鸟具不规则的白色点斑。雄鸟虹膜褐色，雌鸟虹膜黄色；喙黑色；脚蓝灰色。

生态习性 栖息于林缘以及平原较稀疏的林木间，有时也停息于田坝间的电线上。飞行姿势为一沉一浮地波浪前进，急迫时也作快速直线飞行。鸣声多为 6 声一度，音似“pi pi pi……”的吹箫声，有时也有“wi-whip”的声。食物主要为毛虫及其他柔软昆虫，也在枝头上啄食部分野果、种子。

分布范围 河北、陕西、西藏东南部、云南、四川北部、重庆、贵州、湖北、江西、江苏、浙江、福建、广东、澳门、广西、海南。

乌鹃　摄影 / 张卫民

大鹰鹃　摄影 / 黄吉红

23. 大鹰鹃

Hierococcyx sparverioides

英文名　Large Hawk Cuckoo

体　长　38~42cm

保护现状　三有动物

无危

形态特征　体型较大的灰褐色鹰样杜鹃。喙尖端无利钩，脚细弱而无锐爪。尾端白色；胸棕色，具白色及灰色斑纹；腹部具白色及褐色横斑而染棕；颏黑色。亚成鸟上体褐色带棕色横斑；下体皮黄色而具近黑色纵纹。虹膜橘黄色；上喙黑色，下喙黄绿色；脚浅黄色。

生态习性　多单独活动于山林中的高大乔木上，有时亦见于近山平原。喜隐蔽于枝叶间鸣叫，叫声似“贵贵－阳，贵贵－阳”，先是比较温柔的低音调，随后逐渐增大，音调高吭，终日鸣叫不休，甚至夜间也可以听到它的叫声。食物以昆虫为主。

分布范围　北京、河北北部、山东、河南南部、山西、陕西南部、内蒙古、甘肃东南部、西藏、云南、四川、重庆、贵州、湖北、湖南、安徽、江西、江苏、上海、浙江、广东、香港、澳门、广西、海南、台湾。

24. 四声杜鹃

Cuculus micropterus

英文名 Indian Cuckoo

体长 30~34cm

保护现状 三有动物

无危

形态特征 中等体型的偏灰色杜鹃。尾灰色并具黑色次端斑，且虹膜较暗，灰色头部与深灰色的背部成对比。雌鸟较雄鸟多褐色。亚成鸟头及上背具偏白的皮黄色鳞状斑纹。虹膜红褐色；眼圈黄色；上喙黑色，下喙偏绿色；脚黄色。

生态习性 栖息于平川树林间和山麓平原地带林间，尤其在混交林、阔叶林及疏林地带活动较多。游动性活动较多，无固定的居留地。性机警、受惊后迅速飞起。飞行速度较快，每次飞翔距离亦较远。鸣声为 4 声一度，似“光棍好过”。

分布范围 除新疆、西藏、青海外，见于各省份。

四声杜鹃 摄影 / 张卫民

大杜鹃 摄影 / 匡中帆

25. 大杜鹃

Cuculus canorus

英文名 Common Cuckoo

体长 30~35cm

保护现状 三有动物

无危

形态特征 中等体型的杜鹃。翅形尖长；翅弯处翅缘白色，具褐色横斑；尾具狭窄白端；腹部具细而密的暗褐色横斑。上体灰色，尾偏黑色，腹部近白色而具黑色横斑。棕红色变异型雌鸟，背部具黑色横斑。与四声杜鹃区别在于虹膜黄色，尾上无次端斑，与雌中杜鹃区别在腰无横斑。幼鸟枕部有白色块斑。虹膜及眼圈黄色；上喙为深色，下喙为黄色；脚黄色。

生态习性 多单独或成对活动。在山区树林及平原的树上或电线上常可见到，不似其他杜鹃那样隐匿。鸣声为“布谷”，2 声一度。

分布范围 见于各省份。

26. 中杜鹃

Cuculus saturatus

英文名 Himalayan Cuckoo

体　长 30~34cm

保护现状 三有动物

无危

形态特征 体型略小的灰色杜鹃。尾不具宽阔的次端斑；翅缘纯白色不具横斑。雄鸟及灰色雌鸟胸、上体灰色，尾纯黑灰色无斑，下体皮黄色具黑色横斑。亚成鸟及棕色型雌鸟上体棕褐色且密布黑色横斑，近白的下体具黑色横斑直至颏部。虹膜红褐色；眼圈黄色；喙角质色；脚橘黄色。

生态习性 性较隐蔽而不常见，更喜栖息于茂密的山地森林。鸣声似“布谷谷谷”的双连音，第一个音节的音调较高，声音响亮。食物与大杜鹃相似，嗜食毛虫。笔者在梵净山记录到中杜鹃对乌嘴柳莺的巢寄生行为。

分布范围 北京、天津、河北、山东、山西、陕西、内蒙古、云南、四川、重庆、贵州、湖北、湖南、安徽、江西、江苏、上海、浙江、福建、广东、香港、澳门、广西、海南。

中杜鹃　摄影 / 匡中帆

27. 白胸苦恶鸟

Amaurornis phoenicurus

英文名 White-breasted Waterhen

体　长 28~35cm

保护现状 三有动物

无危

形态特征 体型略大的深青灰色及白色秧鸡。头顶及上体灰色，脸、额、胸及上腹部白色，下腹及尾下棕色。喙基稍隆起，但不形成额甲。虹膜红色；喙偏绿色，喙基红色；脚黄色。

生态习性 通常单个活动，偶尔二三成群，于湿润的灌丛、湖边、河滩、红树林及旷野走动觅食。多在开阔地带进食，因而较其他秧鸡常见。

分布范围 黑龙江、吉林、北京、天津、河北、山东、河南、山西、陕西南部、宁夏、甘肃、西藏东南部、青海、云南、四川、重庆、贵州、湖北、湖南、安徽、江西、江苏、上海、浙江、福建、广东、香港、澳门、广西、海南、台湾。

白胸苦恶鸟　摄影 / 郭轩

黑水鸡　摄影 / 张海波

28. 黑水鸡

无危

Gallinula chloropus

黑水鸡（亚成鸟）　摄影 / 李毅

英文名　Common Moorhen

体　长　24~35cm

保护现状　三有动物

形态特征　中型涉禽。全身大致黑色。上喙基至额甲鲜红色，额甲端部圆形。尾下覆羽两侧白色，中间黑色。胫跗关节上方具红色环带。两性相似，雌鸟稍小。胫的裸出部前方和两侧橙红色，后面暗红褐色。跗跖前面黄绿色，后面及趾石板绿色。虹膜红色；喙黄绿色，喙基鲜红色；脚绿色。

生态习性　栖息于有挺水植物的淡水湿地、水域附近的芦苇丛、灌木丛、草丛、沼泽和稻田中。喜有树木或挺水植物遮蔽的水域。不善飞翔，飞行缓慢。杂食性。

分布范围　见于各省份。

29. 白骨顶

Fulica atra

英文名　Common Coot

体　长　36~41cm

保护现状　三有动物

无危

形态特征　中型涉禽。头和颈纯黑、辉亮，余部灰黑色，具白色额甲，端部钝圆，趾间具瓣蹼。两性相似，雌鸟额甲较小。内侧飞羽羽端白色，形成明显的白色翼斑。虹膜红褐色；喙端灰色，基部淡肉红色；腿、脚、趾及瓣蹼橄榄绿色，爪黑褐色。

生态习性　栖息于有水生植物的大面积静水或近海的水域，如湖泊、水库、苇塘、河坝、灌渠、河湾、沼泽地，常成群活动，在迁徙或越冬时，则集成数百只的大群。善游泳，能潜水捕食小鱼和水草。杂食性，但主要以植物为食，其中以水生植物的嫩芽、叶、根、茎为主，也吃昆虫、蠕虫、软体动物等。

分布范围　见于各省份。

白骨顶　摄影 / 匡中帆

30. 夜鹭

LC
无危

Nycticorax nycticorax

英文名　Black-crowned Night Heron
体　长　36~41cm
保护现状　三有动物

夜鹭（幼鸟）　摄影 / 吴忠荣

形态特征　中等体型，头大而体壮的黑白色鹭。成鸟额至背，包括两肩均为黑色，有绿色金属光泽。额基部和眉纹白色，颈项有 3 枚长带状的白羽；上体其余部分灰色，下体白色，胸部及两胁沾灰色。亚成鸟上体暗褐色，额至枕部淡褐色，具棕白色羽干纹，翼上覆羽、飞羽灰褐色，有白色点状斑。下体白色而密布灰褐色纵纹，尾下覆羽白色。亚成鸟虹膜黄色，成鸟鲜红色。喙黑色；脚污黄色。

生态习性　栖息于水稻田、湖泊或溪流边，黄昏时鸟群分散进食，发出深沉的呱呱叫声。取食于稻田、草地及水渠两旁。结群营巢于水上悬枝，甚喧哗。

分布范围　见于各省份。

夜鹭（成鸟）　摄影 / 张海波

绿鹭 摄影 / 匡中帆

31. 绿鹭

Butorides striata

英文名 Green-backed Heron

体 长 35~48cm

保护现状 三有动物

无危

形态特征 体小的深灰色鹭。成鸟顶冠及松软的长冠羽闪着绿黑色光泽，一道黑色线从喙基部过眼下及脸颊延至枕后。两翼及尾青蓝色并具绿色光泽，羽缘黄色。腹部粉灰色，颏白色。虹膜黄色；喙黑色；脚偏绿色。

生态习性 性孤僻羞怯。喜栖息于池塘、溪流及稻田，也栖息于芦苇地、灌丛或红树林等有浓密植被覆盖的地方。结小群营巢。

分布范围 陕西、西藏、云南、四川、重庆、贵州、湖北、湖南、安徽、江西、江苏、上海、浙江、福建、广东、香港、广西、台湾。

池鹭（繁殖羽） 摄影 / 匡中帆

32. 池鹭

Ardeola bacchus

无危

池鹭（非繁殖羽） 摄影 / 张卫民

英文名 Chinese Pond Heron

体　长 40~50cm

保护现状 三有动物

形态特征 翼白色、身体具褐色纵纹，成鸟（繁殖羽）头颈部深栗色，背被黑色发状蓑羽，肩羽赭褐色，前胸具栗红色、黑色和赭褐色相杂的矛状长羽，余部体羽白色。幼鸟头、颈和前胸满布黄色和黑色相间的纵纹，背羽赭褐色。虹膜褐色；冬季喙黄色；腿及脚绿灰色。

生态习性 栖息于稻田或其他漫水地带，单独或成分散小群进食。每晚二三成群飞回群栖处，飞行时振翼缓慢，翼显短。与其他水鸟混群营巢。以青蛙、鱼、泥鳅为主食。

分布范围 见于各省份。

牛背鹭（繁殖羽） 摄影 / 匡中帆

33. 牛背鹭

无危

Bubulcus coromandus

牛背鹭（非繁殖羽） 摄影 / 吴忠荣

英文名 Cattle Egret

体　长 40~50cm

保护现状 三有动物

形态特征 体型略小的白色鹭。与白鹭相似，但喙呈黄色。繁殖羽头、颈、胸和背上蓑羽橙黄色；非繁殖羽全身羽毛白色、头顶和后颈或多或少渲染黄色。与其他鹭的区别在体型较粗壮，颈较短而头圆，喙较短厚。虹膜黄色；喙黄色；脚暗黄色至近黑色。

生态习性 与水牛关系密切，喜捕食水牛从草地上引来或惊起的苍蝇。傍晚小群列队低飞过有水地区回到群栖地点，集群营巢于水上方。

分布范围 除宁夏、新疆外，见于各省份。

34. 苍鹭

Ardea cinerea

英文名 Grey Heron

体　长 80~110cm

保护现状 三有动物

无危

形态特征 鹭类中体型最大的白色、灰色及黑色鹭。喙长而尖，颈细长，脚长；体羽主要呈青灰色。成鸟过眼纹及冠羽黑色，飞羽、翼角及两道胸斑黑色，头、颈、胸及背白色，颈具黑色纵纹，余部灰色。幼鸟的头及颈灰色较重，但无黑色。虹膜黄色；喙黄绿色；脚偏黑色。

生态习性 性孤僻，在浅水中捕食。冬季有时成大群。飞行时翼显沉重。停栖于树上。食物以鱼类为主。

分布范围 见于各省份。

苍鹭　摄影 / 张廷跃

大白鹭 摄影 / 吴忠荣

35. 大白鹭

Ardea alba

英文名 Great Egret

体长 90~100cm

保护现状 三有动物

无危

形态特征 白色鹭类中体型最大者。喙较厚重，颈部具特别的扭结。繁殖羽眼周裸露皮肤蓝绿色，后背部具较长丝状饰羽，颈部下方和胸部也有较短的丝状饰羽；喙黑色；腿部裸露皮肤红色，跗跖黑色。非繁殖羽眼周裸露皮肤黄色，喙黄色尖端通常色深；跗跖和腿部黑色。

生态习性 一般单独或成小群，在湿润或漫水的地带活动。站姿甚高直，从上方往下刺戳猎物。飞行优雅，振翅缓慢有力。

分布范围 吉林、辽宁、北京、天津、河北、山东、河南、内蒙古东部、西藏南部、云南、贵州、湖北、湖南、安徽、江西、江苏、上海、浙江、福建、广东、香港、澳门、广西、海南、台湾。

白鹭 摄影 / 张廷跃

36. 白鹭

Egretta garzetta

英文名 Little Egret

体　长 54~68cm

保护现状 三有动物

无危

形态特征 中等体型的白色鹭。体态纤瘦而较小，全身羽毛纯白色。繁殖羽枕部着生两枚带状长羽，垂于后颈，形若双辫；背和前胸均被蓑羽。与牛背鹭的区别在体型较大而纤瘦，喙及腿黑色，趾黄色，繁殖羽纯白色，颈背具细长饰羽，背及胸具蓑状羽。脸部裸露皮肤黄绿色，繁殖期为淡粉色。虹膜黄色；喙黑色；腿及脚黑色，趾黄色。

生态习性 主要栖息于稻田、村寨附近的乔木林和竹林，喜在稻田、河岸、沙滩、泥滩及沿海小溪流中觅食。成散群进食，常与其他种类混群。食物以膜翅目的种类和虾、鱼、蛙等为主。

分布范围 见于各省份。

37. 普通鸬鹚

Phalacrocorax carbo

英文名　Great Cormorant

体　长　77~94cm

保护现状　三有动物

无危

形态特征　体型大。头、背和腰为黑褐色，具暗绿色金属反光。脸颊、颏及上喉白色，略沾棕褐色；下喉、前颈和上胸棕褐色。飞羽黑褐色，也有绿色金属反光。繁殖期颈及头饰以白色丝状羽，两胁具白色斑块。虹膜呈蓝色；喙厚重，黑色，先端和下喙角黄色；脚为黑色。

生态习性　栖息于河溪、水库和湖泊中，多单个或小群活动。在水里追逐鱼类，常停栖在岩石或树枝上晾翼。

分布范围　见于各省份。

普通鸬鹚　摄影 / 匡中帆

38. 灰头麦鸡

Vanellus cinereus

英文名 Grey-headed Lapwing

体长 34~37cm

保护现状 三有动物

无危

形态特征 体大的亮丽黑色、白色及灰色麦鸡。眼先具黄色肉垂；头和颈灰褐色，背羽淡赭褐色。尾上覆羽及尾羽白色，尾羽具宽阔的黑色次端斑；初级飞羽黑色，次级飞羽白色；颏、喉及胸烟灰褐色，胸以下缘以黑褐色形成半圆形胸斑；下体余部均白色。虹膜褐色；喙黄色，端黑色；脚黄色。

生态习性 多单个或结小群活动于水田、耕地、河畔或山中池塘畔，迁飞时常十余只结群。以昆虫、草籽和植物为食。

分布范围 除新疆外，见于各省份。

灰头麦鸡 摄影 / 李毅

金鸻　摄影 / 沈惠明

39. 金鸻

Pluvialis fulva

英文名　Pacific Golden Plover

体　长　23~26cm

保护现状　三有动物

LC 无危

形态特征　中等体型的健壮涉禽。头大，喙短而直，端部膨大呈矛状。非繁殖羽上体满布褐色、白色和金黄色斑点；下体亦具褐色、灰色和黄色点斑，翼下棕灰色。飞行时，翅尖而窄，尾呈扇形展开。繁殖羽上体黑色并密布金黄色斑点，下体黑色，自额颈眉纹、颈侧到胸侧有一条近似“Z”形白色带；下体从喉至腹呈黑色。虹膜褐色；喙黑色；腿灰色。

生态习性　多 3~5 只结群活动于河流或水域附近的稻田、耕地、草地、湖滨、河滩等处，善于在地上疾走，取食蠕虫、蜗牛、昆虫、软体动物、甲壳动物。飞行迅速敏捷。

分布范围　见于各省份。

40. 长嘴剑鸻

Charadrius placidus

英文名 Long-billed Plover

体　长 18~24cm

保护现状 三有动物

近危

形态特征 体小而健壮的黑色、褐色及白色鸻。喙略长；尾较剑鸻及金眶鸻更长；白色的翼上横纹不及剑鸻粗而明显。繁殖羽具黑色的前顶横纹和全胸带，贯眼纹灰褐色而非黑色。虹膜褐色；喙黑色；腿、脚及跗跖暗黄色。

生态习性 喜栖息于河边及沿海滩涂有较多砾石的地带。

分布范围 除新疆外，见于各省份。

长嘴剑鸻　摄影 / 匡中帆

金眶鸻　摄影 / 张卫民

41. 金眶鸻

Charadrius dubius

英文名	Little Ringed Plover
体　长	15~18cm
保护现状	三有动物

无危

形态特征　体小的黑色、灰色及白色鸻。额基、眼先，颈颊至耳羽黑褐色；头顶前部以及围绕着上背与上胸的领环均为黑色，黑领前方具一道白领；额、眉纹、颏、喉及颈侧均为白色；上体余部沙褐色。初级飞羽和初级覆羽黑褐色。飞行时翼上无白色横纹，下体余部白色。虹膜褐色；喙灰色；腿黄色。

生态习性　通常出现在沿海溪流及河流的沙洲，也见于沼泽地带及沿海滩涂，有时见于内陆。

分布范围　见于各省份。

42. 环颈鸻

Charadrius alexandrinus

英文名　Kentish Plover

体　长　15~17cm

保护现状　三有动物

近危

形态特征　体小而喙短的褐色及白色鸻。飞行时具白色翼上横纹，尾羽外侧更白。雄鸟胸侧具黑色斑块；雌鸟此斑块为褐色，无深色头顶前端纹，白色眉纹更宽。虹膜褐色；喙黑色；腿黑色。

生态习性　单独或成小群进食，常与其他涉禽混群于海滩或近海岸的多沙草地，也于沿海河流及沼泽地活动。

分布范围　见于各省份。

环颈鸻　摄影 / 郭轩

43. 丘鹬

Scolopax rusticola

英文名 Eurasian Woodcock

体　长 33~38cm

保护现状 三有动物

无危

形态特征 体大而肥胖。喙细长而直；两眼位于头的后部，耳孔位于眼眶下方；头顶和后枕具黑色带斑；胫部全被羽。虹膜褐色；喙基部偏粉色，端黑色；脚短，粉灰色。

生态习性 夜行性的森林鸟。白天隐蔽，伏于地面，夜晚飞至开阔地进食，常见单个，偶尔成对。主要以绿色植物及植物种子为食，也食蚯蚓、泽蛙等有益动物和蜗牛、蚂蟥、昆虫及螺等有害动物。

分布范围 见于各省份。

丘鹬　摄影 / 王天冶

44. 扇尾沙锥

Gallinago gallinago

英文名 Common Snipe

体　长 24~29cm

保护现状 三有动物

LC
无危

形态特征 中等体型而色彩明快的沙锥。两翼细而尖，喙长；脸皮黄色，眼部上下条纹及贯眼纹色深；上体深褐色，具白色及黑色的细纹及蠹斑；下体淡皮黄色具褐色纵纹。次级飞羽具白色宽后缘，翼下具白色宽横纹。外侧尾羽不变窄；尾羽 14 枚，腋羽白色，多少具黑色斑纹。虹膜褐色；喙褐色；脚橄榄色。

生态习性 栖息于水域附近的沼泽、草地、芦苇丛和稻田里。常隐身于枯草丛中，因羽色条纹酷似枯草，极难发现。被赶时跳出并作“锯齿形”飞行，同时发出警叫声。在空中炫耀时，向上攀升并俯冲，外侧尾羽伸出，颤动有声。

分布范围 见于各省份。

扇尾沙锥　摄影 / 李毅

矶鹬 摄影 / 匡中帆

45. 矶鹬

Actitis hypoleucos

英文名 Common Sandpiper

体 长 33~38cm

保护现状 三有动物

无危

形态特征 体型较小的褐色及白色鹬。头和上体橄榄褐色，带有古铜色光泽，头、上颈、背和肩具黑色轴纹，背和肩羽端具黑褐色横斑，横斑下镶灰黄色边；翼上覆羽色同背部，而横斑较有规律，大覆羽末端有宽阔白边。喙短，性活跃，翼不及尾。下体白色，胸侧具褐灰色斑块。特征为飞行时翼上具白色横纹，腰无白色，外侧尾羽无白色横斑。翼下具黑色及白色横纹。虹膜褐色；喙深灰色；脚浅橄榄绿色。

生态习性 栖息于不同的生境，从沿海滩涂和沙洲至海拔 1500m 的山地稻田及溪流、河流两岸均有分布。行走时头不停地点动，并具两翼僵直滑翔的特殊姿势。以水生昆虫等为食。

分布范围 见于各省份。

46. 白腰草鹬

Tringa ochropus

英文名 Green Sandpiper
体　长 21~24cm
保护现状 三有动物

无危

形态特征 中等体型的鹬类，矮壮型。白色眉纹短，未过眼后。颏和喉部白色，整体深绿褐色，腹部及臀白色。飞行时，白色腰部显著，尾白色，端部具黑色横斑，两翼及下背几乎全黑，脚伸至尾后。喙暗橄榄色；脚和趾橄榄绿色。

生态习性 常单独活动，喜水库、溪河岸、水田、池塘、沼泽地及沟壑。以虾类和水生昆虫为食物。受惊时起飞，像沙锥而呈锯齿形飞行。

分布范围 见于各省份。

白腰草鹬　摄影 / 沈惠明

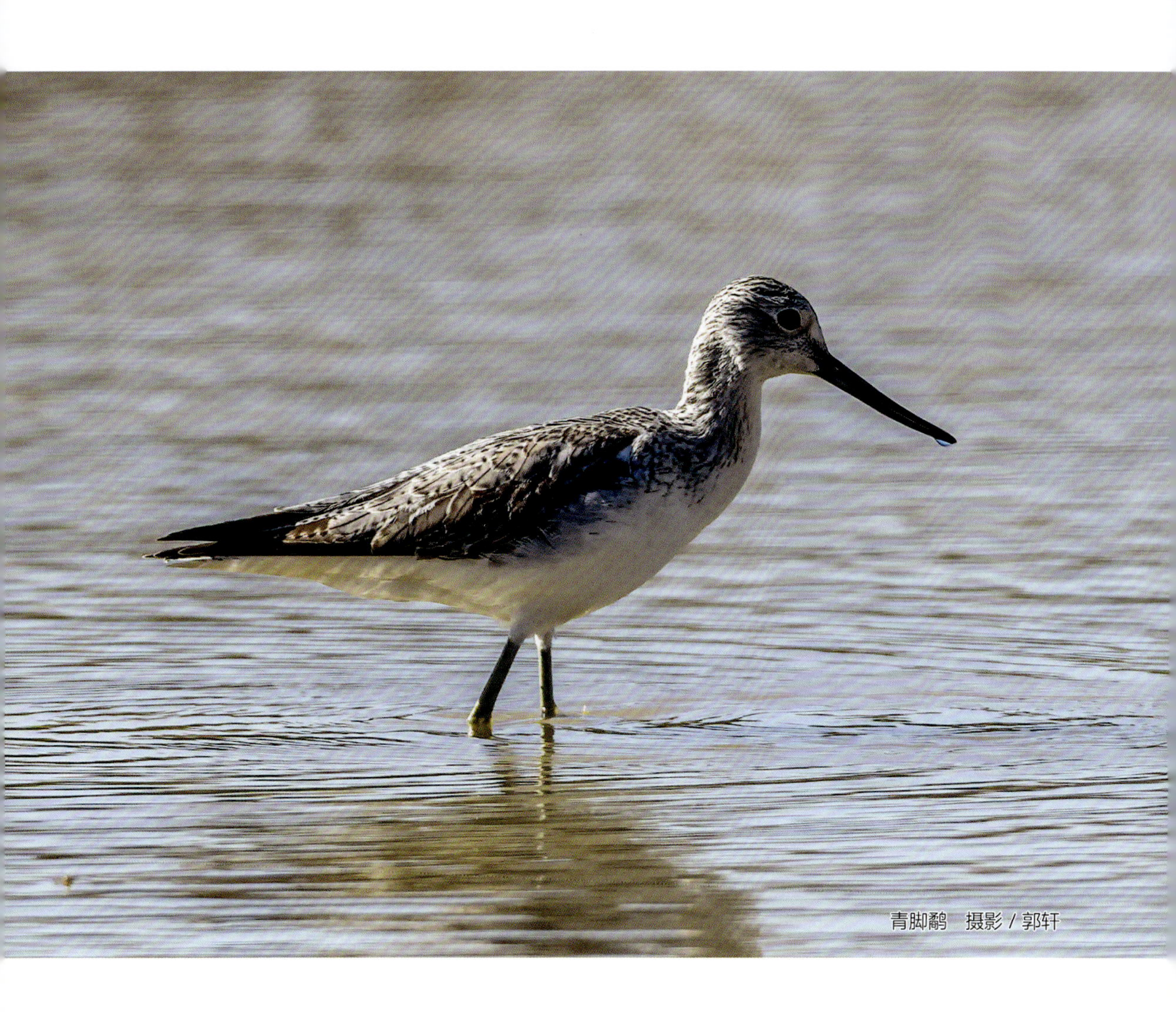

青脚鹬　摄影 / 郭轩

47. 青脚鹬

Tringa nebularia

英文名　Common Greenshank

体　长　30~35cm

保护现状　三有动物

无危

形态特征　中等体型的高挑偏灰色鹬。喙细长而尖，略向上曲；头、颈和上背灰褐色；下背、腰和尾上覆羽白色；初级飞羽黑褐色，第 1 枚飞羽的羽干白色；下体白色，飞行时腰部白色十分醒目。虹膜褐色；喙灰色，端黑色；脚黄绿色。

生态习性　喜沿海和内陆的沼泽地带及大河流的泥滩。通常单独或二三成群。进食时喙在水里左右甩动寻找食物。头紧张地上下点动。以水生昆虫、虾及水生植物为食。飞行时常发出“嘀 -、嘀 -”的叫声。多为 6 音一组。

分布范围　见于各省份。

林鹬　摄影 / 张卫民

48. 林鹬

Tringa glareola

无危

林鹬　摄影 / 郭轩

英文名　Wood Sandpiper

体　长　19~23cm

保护现状　三有动物

形态特征　体型略小。白色眉纹较长，从喙基延伸至耳后。上体黑褐色，密布白色或黄褐色碎斑点，腰白色。颏、喉、胸、腹及下体白色，颈和胸部多暗褐色斑纹。翼下白色，具灰褐色斑纹。飞行时尾部的横斑、白色的腰部和下翼以及翼上无横纹为其特征。虹膜褐色；喙短直，黑色；脚淡黄色至橄榄绿色。

生态习性　多单只活动于河滩、沼泽、水库、池塘边缘，有时也见于稻田。觅食水生昆虫、蠕虫、虾，也吃部分植物。

分布范围　见于各省份。

49. 西伯利亚银鸥

Larus vegae

英文名	Vega Gull
体　长	55~68cm
保护现状	三有动物

无危

形态特征 体大的灰色鸥。腿粉红色。非繁殖羽头及颈背具深色纵纹，并及胸部；上体体羽变化由灰色至深灰色，两者均偏蓝色。通常三级飞羽及肩部具白色的宽月牙形斑。合拢的翼上可见多至 5 枚大小相等的突出白色翼尖。飞行时于第十枚初级飞羽上可见中等大小的白色翼镜，第九枚具较小翼镜。浅色的初级飞羽及次级飞羽内边与白色翼下覆羽对比不明显。虹膜浅黄色至偏褐色；喙黄色，上具红点；脚粉红色。

生态习性 松散的群栖性。沿海、内陆水域及垃圾成堆等地方的凶猛的清道夫。

分布范围 除宁夏、西藏、青海外，见于各省份。

西伯利亚银鸥　摄影 / 郭轩

50. 领鸺鹠

Glaucidium brodiei

英文名　Collared Owlet

体　长　36~42cm

保护现状　国家二级保护野生动物　CITES附录II

无危

形态特征　体小而多横斑的鸮类。羽色有褐色型和棕色型两个色型。后颈具棕黄色或皮黄色领斑；上体暗褐色具皮黄色横斑或呈棕红色而具黑褐色横斑；颏、下喉纯白色，上喉具一杂有白色点斑的暗褐色或棕红色横斑，并一直延伸至颈侧；胸与上体同色，但中央纯白色；腹部白色，具暗褐色或棕红色纵纹。眼黄色，无耳羽簇，大腿及臀白色具褐色纵纹。颈背有橘黄色和黑色的假眼。虹膜黄色；喙角质色；脚灰色。

生态习性　见于针阔混交林和常绿阔叶林中。不怕阳光，白天也活动觅食，能在阳光下自由飞翔。晚上常整夜鸣叫。食物以昆虫为主，有时也食鼠类及小鸟。

分布范围　河南南部、陕西南部、甘肃南部、西藏东南部、云南、四川、重庆、贵州、湖北、湖南、安徽、江西、江苏、上海、浙江、福建、广东、澳门、广西、海南、台湾。

领鸺鹠　摄影 / 张卫民

斑头鸺鹠　摄影 / 吴忠荣

51. 斑头鸺鹠

Glaucidium cuculoides

英文名　Asian Barred Owlet

体　长　22~26cm

保护现状　国家二级保护野生动物　CITES附录II

无危

形态特征　体小而遍具棕褐色横斑的鸮。后颈无领斑；上体暗褐色或棕褐色，具皮黄色或棕黄色横斑；飞羽和尾羽暗褐色，具黄白色横斑；颏白色；喉具白斑；胸部褐色或棕褐色，具黄白色横斑；腹白色，具褐色或棕褐色纵纹。无耳羽簇。虹膜黄褐色；喙偏绿色而端黄色；脚绿黄色。

生态习性　多栖息于耕作地边和居民点的乔木树上或电线上，有时也见于竹林中。多单个活动，白天也能见到。食性较广，包括昆虫、蛙类、蜥蜴类、小鸟及小型哺乳类。

分布范围　西藏东南部、海南、北京、河北、山东、河南、陕西、云南、四川、重庆、贵州、湖北、湖南、安徽、江西、江苏、上海、浙江、福建、广东、香港、澳门、广西。

领角鸮　摄影 / 张海波

52. 领角鸮

Otus lettia

英文名　Collared Scops Owl

体　长　23~25cm

保护现状　国家二级保护野生动物　CITES附录II

LC
无危

形态特征　体型较小的偏灰色或偏褐色的角鸮。颈基部有显著的翎领，上体羽毛灰褐色或沙褐色，并杂以暗色虫蠹纹和黑色羽干纹，前额及眉纹呈浅皮黄色或近白色；下体白色或皮黄色而缀以淡褐色波状横斑及黑褐色羽干纹。有些亚种披羽至趾，有的趾部裸出。颏和喉白色；上喉有一圈皱领，微沾棕色。虹膜黄色；喙角沾绿色，先端较暗；爪角黄色。

生态习性　夜行性鸟类，白天大都躲藏在具浓密枝叶的树冠上，或其他阴暗的地方。夜晚常不断鸣叫。主要以鼠类、小鸟及大型昆虫为食。

分布范围　河南、山西、云南、四川、重庆、贵州、湖北、湖南、安徽、江西、江苏、上海、浙江、福建、广东、香港、澳门、广西、台湾、西藏东南部、海南。

53. 灰林鸮

Strix nivicolum

英文名 Himalayan Owl

体　长 37~40cm

保护现状 国家二级保护野生动物　CITES附录II

近危

形态特征 中等体型的偏褐色鸮，无耳羽簇。额至后颈黑色，具不规则的棕色斑点；上背至尾上覆羽呈暗褐色，羽缘橙棕色，并杂以黑褐色杂斑及纵纹。外侧肩羽和大覆羽具有大片棕白色或白色斑，飞羽暗褐色。眼先和眼上方灰白色，具黑褐色羽干纹和羽端，向后延伸为白色杂褐色的眉纹，面盘橙棕色、暗褐色、棕色、白相杂，下喉部白色。虹膜深褐色；喙和脚黄色。

生态习性 成对或单个，白天潜伏在阔叶林或针阔混交林中，隐匿睡觉。夜行性，在树洞营巢。

分布范围 吉林、辽宁、北京、天津、河北、山东、河南、陕西、西藏东南部、云南、四川、重庆、贵州、湖北、湖南、安徽、江西、江苏、上海、福建、广东、香港、广西、台湾。

灰林鸮　摄影 / 张海波

54. 黑冠鹃隼

Aviceda leuphotes

英 文 名 Black Baza

体　　长 28~35cm

保护现状 国家二级保护野生动物　CITES附录II

LC 无危

形态特征 体型略小的黑白色鹃隼。上喙侧缘具双齿突；上体主要呈亮黑色，后枕具黑色冠羽，形如辫子；肩羽白色，端部黑色；飞羽外渲染栗红色。上胸领斑白色，下胸和腹部具暗栗色横斑。两翼短圆，飞行时可见黑色衬，翼灰色而端黑色。虹膜红色；喙角质色，蜡膜灰色；脚深灰色。

生态习性 栖息于热带和亚热带湿性常绿阔叶林中，生活在高山顶及丘陵地带。多单个或成对活动，捕食昆虫和小动物。

分布范围 山东、河南南部、云南南部、贵州、湖北、湖南、安徽、江西、江苏、上海、浙江、福建、广东、香港、澳门、广西、台湾、陕西、甘肃、西藏南部、四川、重庆、海南。

黑冠鹃隼　摄影 / 匡中帆

蛇雕 摄影 / 张卫民

55. 蛇雕

Spilornis cheela

Crested Serpent Eagle

体 长 50~75cm

国家二级保护野生动物 CITES附录II

近危

形态特征 中等体型的深色雕，翅长超过 40cm。后枕部具短形冠羽；跗跖裸露，前后缘具网状鳞。成鸟头顶黑色，上体几纯暗褐色；下体淡褐色，满布暗褐色横纹，腹部具白色点斑；尾羽表面主要呈黑褐色，近端具 1 道宽阔的淡褐色带斑。黑白两色的冠羽短宽而蓬松，眼及喙间黄色的裸露部分是为本种特征。飞行时的特征为尾部宽阔的白色横斑及白色的翼后缘。亚成鸟似成鸟但褐色较浓，体羽多白色。虹膜黄色；喙灰褐色；脚黄色。

生态习性 常于森林或人工林上空盘旋，成对互相召唤。常栖息于森林中荫蔽的大树枝上监视地面或翱翔于空中，捕食蛇类及其他爬行动物，也捕食小型兽类和鸟类。

分布范围 西藏东南部、云南西南部和南部、黑龙江、辽宁、北京、河南南部、陕西南部、四川、贵州、安徽、江西、江苏、浙江、福建、广东、香港、澳门、广西、海南、台湾。

56. 凤头鹰

Accipiter trivirgatus

英文名 Crested Goshawk

体　长 40~48cm

保护现状 国家二级保护野生动物　CITES附录II

NT 近危

形态特征 体大的强健鹰类。具短羽冠。成年雄鸟上体灰褐色，两翼及尾具横斑，下体棕色，胸部具白色纵纹，腹部及大腿白色具近黑色粗横斑，颈白色，有近黑色纵纹至喉，具两道黑色髭纹。亚成鸟及雌鸟似成年雄鸟，但下体纵纹及横斑均为褐色，上体褐色较淡。飞行时两翼显得比其他的同属鹰类较为短圆。虹膜褐色至成鸟的绿黄色；喙灰色，蜡膜黄色；腿及脚黄色。

生态习性 栖息于有密林覆盖处。繁殖期常在森林上空翱翔，同时发出响亮叫声。捕食小型脊椎动物和鸟类。

分布范围 北京、河南、陕西南部、西藏南部、云南、四川、重庆、贵州、湖北、湖南、安徽、江西、江苏、上海、浙江、福建、广东、香港、澳门、广西、海南、台湾。

凤头鹰　摄影 / 匡中帆

白尾鹞　摄影 / 郭轩

57. 白尾鹞

Circus cyaneus

英文名　Hen Harrier

体　长　48~58cm

保护现状　国家二级保护野生动物　CITES附录II

近危

形态特征　中等体型的深色鹞。具显眼的白色腰部及黑色翼尖。雌鸟褐色，领环色浅，头部色彩平淡且翼下覆羽无赤褐色横斑于深色的后翼缘延伸至翼尖，次级飞羽色浅，上胸具纵纹。幼鸟于两翼较短而宽，翼尖较圆钝。虹膜浅褐色；喙灰色；脚黄色。

生态习性　喜开阔原野、草地及农耕地。飞行缓慢而沉重。捕食鼠类和小型鸟类。

分布范围　见于各省份。

58. 黑鸢

Milvus migrans

英文名 Black Kite

体　长 55~65cm

保护现状 国家二级保护野生动物　CITES附录II

无危

形态特征 中等体型的深褐色猛禽。尾略分叉，飞羽基部白色，形成翅下明显斑块，飞翔时尤为显著。浅叉型尾为本种识别特征。头有时比背色浅。亚成鸟头及下体具皮黄色纵纹。虹膜棕色；喙灰色，蜡膜黄色；脚黄色。

生态习性 喜开阔的乡村、城镇及村庄。优雅盘旋或作缓慢振翅飞行。栖息于柱子、电线、建筑物或地面，在垃圾堆找食腐物，常在空中进食。捕食小型动物，也捕食鱼。

分布范围 见于各省份。

黑鸢　摄影 / 张海波

灰脸鵟鹰　摄影 / 郭轩

59. 灰脸鵟鹰

Butastur indicus

Grey-faced Buzzard

39~48cm

保护现状　国家二级保护野生动物　CITES附录II

近危

形态特征　颈、喉部白色明显，具黑色的喉中线和髭纹。头近黑色，上体暗褐色，并具暗色纤细羽干纹，后颈羽基白色显露；翼上覆羽棕褐带栗色；飞羽栗褐色；尾上覆羽白色而具暗褐色横斑；尾羽灰褐色，具黑褐色宽阔横斑；眼先白色，颊灰色。腋羽色与腹部的相同，但横斑较疏；尾下覆羽纯白色。虹膜黄色；喙黑褐色，蜡膜和喙基灰黄色；跗跖及趾黄色，爪黑色。

生态习性　见于山地林边或空旷田野，飞行缓慢而沉重，单独飞翔觅食。捕食小型脊椎动物。

分布范围　除新疆、西藏，见于各省份。

普通鵟　摄影 / 吴忠荣

60. 普通鵟

Buteo japonicus

英文名　Eastern Buzzard

体　长　50~60cm

保护现状　国家二级保护野生动物　CITES附录II

无危

形态特征　体型略大的棕色鵟 。跗跖下部裸露，不被羽至趾基。羽色变化较大，有多种色型。脸侧皮黄色具近红色细纹，栗色的髭纹显著；下体偏白色具棕色纵纹，两胁及大腿沾棕色。飞行时两翼宽而圆，初级飞羽基部具特征性白色块斑。尾近端处常具黑色横纹。虹膜黄色至褐色；喙灰色，端黑色，蜡膜黄色；脚黄色。

生态习性　喜开阔原野且在空中热气流上单独翱翔，伺机捕食野兔、鼠类、小鸟、蛇、蜥蜴和蛙类，也盗食家禽。在裸露树枝上歇息。

分布范围　见于各省份。

61. 红头咬鹃

Harpactes erythrocephalus

英文名　Red-headed Trogon

体　长　31~35cm

保护现状　国家二级保护野生动物

近危

形态特征　体型较大，腹部红色。雄鸟头上部及两侧暗赤红色；背及两肩棕褐色，胸部红色并具狭窄的白色月牙斑；腰及尾上覆羽棕栗色；翼上小覆羽与背同色；初级覆羽灰黑色；翅余部黑色；颏淡黑色；喉至胸由亮赤红至暗赤红色。雌鸟头、颈和胸为橄榄褐色；腹部为比雄鸟略淡的红色；翼上的白色虫蠹状纹转为淡棕色。虹膜淡黄色；喙黑色；脚淡褐色。

生态习性　生活于热带或亚热带森林，特别是次生密林，单个或成对活动；树栖性，飞行力较差，虽快而不远，叫声有点像支离的猫叫声，一般似“shiu”的3声断续，冲击捕虫时或惊恐时也常发出似“krak”的单噪声，但平时甚静。

分布范围　西藏东南部、云南、四川南部、贵州、湖北、江西、福建中部和西北部、广东北部、广西北部、海南。

红头咬鹃　摄影 / 张廷跃

62. 戴胜

Upupa epops

英文名 Eurasian Hoopoe

体　长 25~31cm

保护现状 三有动物

LC 无危

形态特征 喙细而长，并向下弯曲；体羽大都棕色，头顶具一大而明显的扇形羽冠；两翅和尾黑色而具白色或棕色横斑。虹膜褐色；喙黑色；脚黑色。

生态习性 性活泼，喜开阔潮湿地面，长长的喙在地面翻动寻找食物。有警情时冠羽立起，起飞后松懈下来。常单独或成对活动于居民点附近的荒地和田园中的地上，在地面觅食。

分布范围 见于各省份。

戴胜 摄影 / 郭轩

63. 普通翠鸟

Alcedo atthis

英文名　Common Kingfisher

体　长　15~17cm

保护现状　三有动物

无危

形态特征　上体浅蓝绿色并泛金属光泽，颈侧具白色点斑，下体橙棕色，颏部白色。幼鸟体色暗淡，具深色胸带。虹膜褐色；喙黑色，雌鸟下颚橘黄色；脚红色。

生态习性　常见单个停息在江河、溪流、湖泊及池塘岸边的树枝及岩石上，也见于稻田边，等待食物，一见有鱼虾等，即迅猛直扑水中，用喙捕取。主要以小鱼、小虾、甲壳类及水生昆虫等动物性食物为食。

分布范围　见于各省份。

普通翠鸟　摄影 / 郭轩

冠鱼狗 摄影 / 李毅

64. 冠鱼狗

Megaceryle lugubris

英文名	Crested Kingfisher
体长	37~42cm
保护现状	三有动物

无危

形态特征 体大的鱼狗。冠羽发达，上体青黑色并多具白色横斑和斑点，蓬起的冠羽也如是。大块的白斑由颊区延至颈侧，下有黑色髭纹。下体白色，具黑色的胸部斑纹，两肋具皮黄色横斑。雄鸟翼线白色，雌鸟黄棕色。虹膜褐色；喙黑色；脚黑色。

生态习性 多见于流速快、多砾石的清澈河流边。栖息于大块岩石上。飞行慢而有力且不盘飞。捕食鱼类。

分布范围 吉林、辽宁、北京、天津、河北、山东、河南、山西、陕西、内蒙古东部、宁夏、甘肃、云南、四川、重庆、贵州、湖北、湖南、安徽、江西、江苏、浙江、福建、广东、香港、广西、海南。

65. 蓝翡翠

Halcyon pileata

英文名 Black-capped Kingfisher

体　长 26~31cm

保护现状 三有动物

无危

形态特征 蓝色、白色及黑色翡翠鸟。头顶、颈及头侧黑色，后颈具一白色领环；上体呈深蓝色，翅上覆羽及飞羽端部黑色；初级飞羽基部白色或浅蓝色，飞行时显露明显的翼斑；颏、喉、胸及颈侧白色，下体余部锈红色。虹膜深褐色；喙红色；脚红色。

生态习性 多见单个活动于江河、溪流、湖泊、水塘及稻田边，常停息于电线上。以鱼、虾、水生昆虫为食。

分布范围 除新疆、西藏、青海外，见于各省份。

蓝翡翠　摄影 / 张廷跃

66. 大拟啄木鸟

Psilopogon virens

英文名 Great Barbet

体　长 30~35cm

保护现状 三有动物

LC

无危

形态特征 头及喉蓝绿色，翕羽暗绿褐色；上体余部绿色；上胸暗褐色，下胸及腹部中央蓝色；胸侧及腹侧呈暗黄绿褐色，羽缘黄绿色，形成条纹状；尾下覆羽红色。虹膜褐色；喙浅黄色至褐色，端黑色；脚灰色。

生态习性 喜单个栖息于阔叶乔木林中，也见于针阔混交林中，常停息在树上，鸣叫不已，叫声似“go-o，go-o”，单调而洪亮。杂食性，以种子、坚果、浆果和昆虫为食。

分布范围 西藏南部、陕西、云南、四川中部、重庆、贵州、湖北、湖南、安徽、江西、江苏、上海、浙江、福建、广东、香港、广西。

大拟啄木鸟　摄影 / 张卫民

67. 蚁䴕

Jynx torquilla

英文名 Wryneck

体　长 16~19cm

保护现状 三有动物

无危

形态特征 体小的灰褐色啄木鸟。体羽斑驳杂乱，下体具小横斑。喙相对形短，呈圆锥形。就啄木鸟而言其尾较长，具不明显的横斑。虹膜淡褐色；喙角质色；脚褐色。

生态习性 栖息于树枝而不攀树，也不啄击树干取食，喜栖息于灌丛。觅食地面的蚂蚁。

分布范围 见于各省份。

蚁䴕 摄影 / 沈慧明

斑姬啄木鸟　摄影 / 张卫民

68. 斑姬啄木鸟

Picumnus innominatus

英文名　Speckled Piculet

体　长　9~10cm

保护现状　三有动物

无危

形态特征　体型纤小、橄榄色的背似山雀型啄木鸟。尾羽短，中央尾羽内侧白色，形成白色纵纹；眉纹和颊纹白色；下体奶黄色，散布黑色斑点。雄鸟前额橘黄色。虹膜红色；喙近黑色；脚灰色。

生态习性　栖息于热带低山混合林的枯树或树枝上，尤喜竹林。觅食时持续发出轻微的叩击声。啄食树干和竹秆上的昆虫，食物以昆虫为主。

分布范围　西藏东部、山东、河南南部、山西南部、陕西南部、甘肃南部、云南、四川南部、重庆、贵州、湖北、湖南、安徽、江西、江苏、上海、浙江、福建、广东、香港、广西。

69. 黄嘴栗啄木鸟

Blythipicus pyrrhotis

英文名　Bay Woodpecker

体　长　25~32cm

保护现状　三有动物

无危

形态特征　体型略大的啄木鸟。上体棕色而具宽阔的黑色横斑，呈棕色和黑色相间的带斑状；雄鸟枕部和后颈朱红色，形成半圆形领斑。雌鸟无此红色领斑。虹膜红褐色；喙淡绿黄色；脚褐黑色。

生态习性　多见单个或成对活动于阔叶林中的乔木上，有时也见于枯树上，鸣叫声嘈杂且似八声杜鹃，但频率较快，音节较多。

分布范围　西藏东南部、云南、四川、贵州、湖北、湖南、江西、浙江、福建、广东、香港、广西、海南。

黄嘴栗啄木鸟（雌）　摄影 / 刘应齐

70. 灰头绿啄木鸟

Picus canus

英文名 Grey-faced Woodpecker

体　长 26~31cm

保护现状 三有动物

LC

无危

形态特征 中等体型的绿色啄木鸟。上体绿色；飞羽及尾羽均黑色，飞羽具白色横斑；下体橄榄绿色或灰绿色，无斑纹；头侧灰色；黑色颧纹明显。雄鸟头顶前部红色，后部及枕部灰色而具黑色条纹，在后颈形成斑块；雌鸟整个头顶及枕部均灰色，具黑色条纹。虹膜红褐色；喙近灰色；脚蓝灰色。

生态习性 常活动于小片林地及林缘，亦见于大片林地。有时下至地面觅食蚂蚁或喝水。取食树的高度主要集中在 0~4 m。

分布范围 见于各省份。

灰头绿啄木鸟　摄影 / 张海波

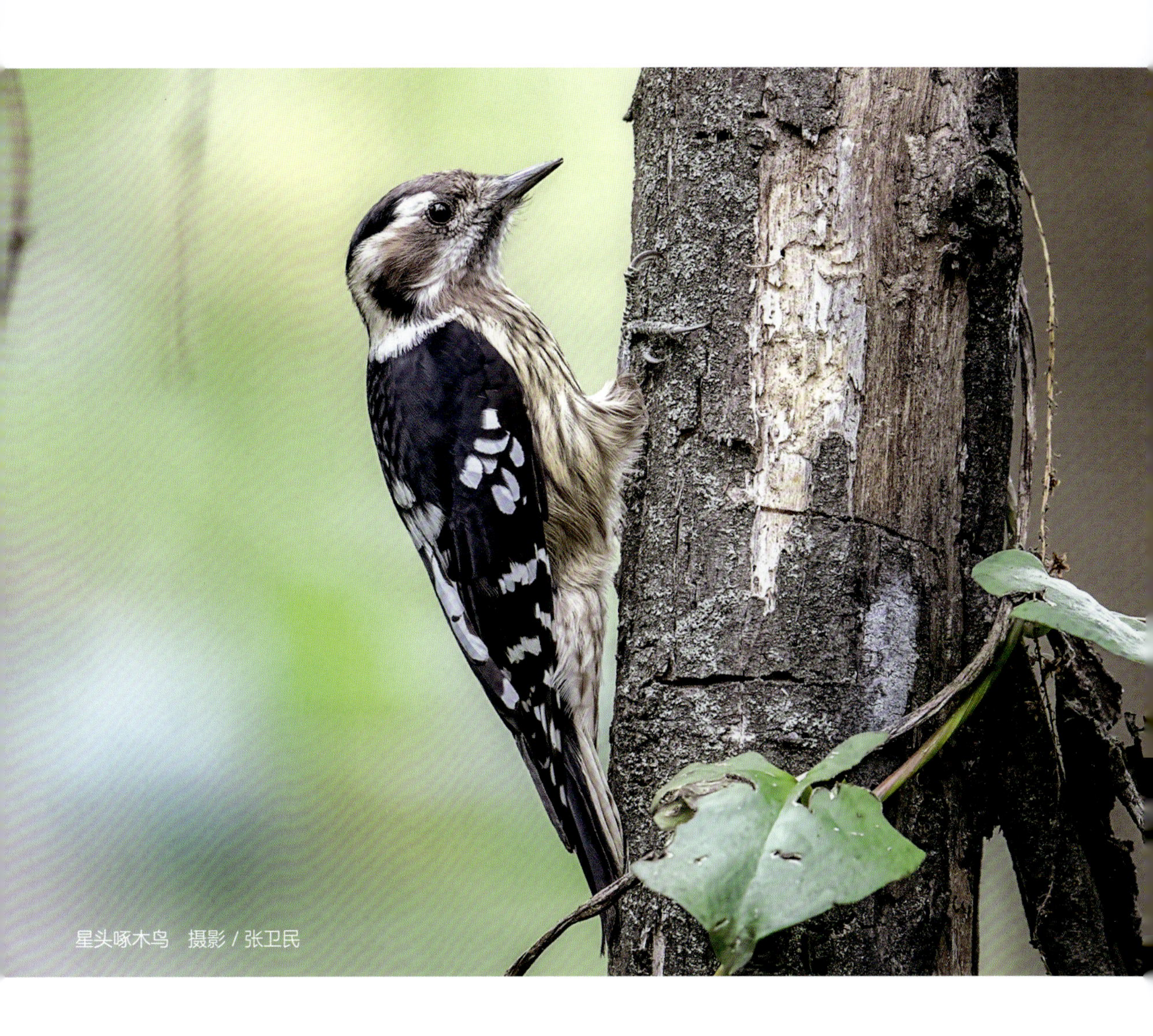

星头啄木鸟　摄影 / 张卫民

71. 星头啄木鸟

Dendrocopos canicapillus

英文名　Grey-capped Woodpecker

无危

体　长　14~17cm

保护现状　三有动物

形态特征　体小具黑白色条纹。头顶深灰色，后枕黑色，宽阔的白色眉纹从眼后延伸至枕侧；上体具黑白相间的横斑；下体浅棕黄色，具黑色纵纹，无红色斑块。雄鸟后枕两侧具一簇红色短羽。背白色具黑斑。虹膜淡褐色；喙灰色；脚绿灰色。

生态习性　见于阔叶林、混交林及针叶林等多种类型的森林中，有时也见于坝区或村镇边的林地及乔木上，多见单个活动，有时也成对或结小群活动。食物几全为昆虫。

分布范围　除新疆、青海、西藏外，见于各省份。

72. 红隼

Falco tinnunculus

无危

红隼（雄） 摄影 / 张卫民

英文名 Eurasian Kestrel

体　长 31~38cm

保护现状 国家二级保护野生动物 CITES附录II

形态特征 体小的赤褐色隼。雄鸟头顶至后颈灰色，并具黑色条纹；背羽砖红色，满布黑色粗斑；尾羽青灰色，具宽阔的黑色次端斑及棕白色端缘，外侧尾羽较中央尾羽甚短，呈凸尾型。雌鸟上体砖红色，头顶满布黑色纵纹，背具黑色横斑，爪黑色。雌雄鸟胸和腹均淡棕黄色，具黑色纵纹和斑点。亚成鸟似雌鸟，但纵纹较重。虹膜褐色；喙灰色而端黑色，蜡膜黄色；脚黄色。

生态习性 在空中特别优雅，捕食时懒懒地盘旋或纹丝不动地停在空中。猛扑猎物，常从地面捕捉猎物。停栖在柱子或枯树上。喜开阔原野。

分布范围 见于各省份。

红隼（雌） 摄影 / 吴忠荣

燕隼　摄影 / 李毅

73. 燕隼

Falco subbuteo

英文名　Hobby

体　长　29~35cm

保护现状　国家二级保护野生动物　CITES附录II

NT

近危

形态特征　体小的黑白色隼。翼长，腿及臀棕色，上体深灰色，胸乳白色而具黑色纵纹。雌鸟体型比雄鸟大而多褐色，腿及尾下覆羽细纹较多。虹膜褐色；喙灰色，蜡膜黄色；脚黄色。

生态习性　于飞行中捕捉昆虫及鸟类，飞行迅速，喜开阔地及有林地带，高可至海拔 2000m。

分布范围　见于各省份。

游隼 摄影 / 李毅

74. 游隼

Falco peregrinus

英文名 Peregrine Falcon

体长 41~50cm

保护现状 国家二级保护野生动物 CITES附录I

近危

形态特征 体大而强壮的深色隼。成鸟头顶及脸颊近黑色或具黑色条纹；上体深灰色具黑色点斑及横纹；下体白色，胸具黑色纵纹，腹部、腿及尾下多具黑色横斑。雌鸟比雄鸟体大。亚成鸟褐色浓重，腹部具纵纹。各亚种在深色部位上有异。虹膜黑色；喙灰色，蜡膜黄色；腿及脚黄色。

生态习性 常成对活动。飞行甚快，并从高空呈螺旋形而下猛扑猎物。为世界上飞行最快的鸟种之一，有时作特技飞行。在悬崖上筑巢。

分布范围 除西藏外，见于各省份。

75. 黑枕黄鹂

Oriolus chinensis

英文名 Black-naped Oriole

体　长 23~28cm

保护现状 三有动物

无危

形态特征 中等体型的黄色及黑色鹂。通体大多为黄色或黄绿色，后枕部具黑色环带；翅和尾羽主要呈黑色。雌鸟色较暗淡，背橄榄黄色。亚成鸟背部橄榄色，下体近白色而具黑色纵纹。虹膜红色；喙粉红色；脚近黑色。

生态习性 栖息于开阔林、人工林、园林、村庄及红树林。成对或以家族为群活动。常留在树上但有时下至低处捕食昆虫。飞行呈波状，振翼幅度大，缓慢而有力。喜鸣叫，雄鸟叫声洪亮动听。

分布范围 除新疆、西藏、青海外，见于各省份。

黑枕黄鹂　摄影 / 张卫民

(二十二) 莺雀科 Vireonidae

76. 红翅鵙鹛

无危

Pterruthius aeralatus

英文名 Blyth's Shrike Babbler

体　长 14~18cm

保护现状 三有动物

红翅鵙鹛（雌）　摄影 / 张卫民

形态特征 中等体型。雄鸟头黑色，眉纹白色；上背及背灰色；尾黑色；两翼黑色，初级飞羽羽端白色，三级飞羽金黄色和橘黄色；下体灰白色。雌鸟色暗，下体皮黄色，头近灰色，翼上少鲜艳色彩。虹膜灰蓝色；上喙蓝黑色，下喙灰色；脚粉白色。

生态习性 成对或混群活动，在林冠层上下穿行捕食昆虫。在小树枝上侧身移动仔细地寻觅食物。

分布范围 西藏南部和东南部、云南、四川、重庆、贵州南部、湖南、江西东北部、浙江、福建、广东、海南。

红翅鵙鹛（雄）　摄影 / 张卫民

77. 灰喉山椒鸟

无危

Pericrocotus solaris

灰喉山椒鸟（雌） 摄影 / 郭轩

英文名 Grey-chinned Minnvet

体　长 17~19cm

保护现状 三有动物

形态特征 体小的红色或黄色山椒鸟。雄鸟头顶至上背石板黑色；下背至尾上覆羽橙红色；喉灰白色、浅灰色或略沾红色，下体余部橙红色；翅黑色，具红色翅斑。雌鸟头部至上背暗石板灰色；下背至尾上覆羽橄榄黄色；翅和尾与雄鸟同，但红色部分代以黄色；颊和耳羽浅灰色；喉部近白色或染以黄色；下体余部鲜黄色。虹膜深褐色；喙及脚黑色。

生态习性 栖息于阔叶林、针叶林和针阔混交林以及茶园。一般结小群活动，繁殖季节成对活动。以昆虫等动物性食物为食。

分布范围 西藏东南部、云南、四川、重庆、贵州、湖北、湖南中部和南部、安徽、江西、浙江、福建、广东、香港、广西、海南、台湾。

灰喉山椒鸟（雄） 摄影 / 郭轩

78. 短嘴山椒鸟

无危

Pericrocotus brevirostris

英文名 Short-billed Minivet

体长 19~20cm

保护现状 三有动物

短嘴山椒鸟（雌） 摄影 / 张卫民

形态特征 中等体型的黑色山椒鸟。具红色或黄色斑纹。红色雄鸟甚艳丽，体型较细小，尾较长。雌鸟与灰喉山椒鸟及长尾山椒鸟的区别在于额部呈鲜艳黄色，与赤红山椒鸟的区别在于翼部斑纹较简单。虹膜褐色；喙黑色；脚黑色。

生态习性 多成对活动，在与长尾山椒鸟同时出现的地区一般比长尾山椒鸟少见。以昆虫等动物性食物为食。

分布范围 西藏东南部、云南、四川、贵州、广东北部、广西中部、海南。

短嘴山椒鸟（雄） 摄影 / 张卫民

长尾山椒鸟（雄） 摄影 / 张卫民

79. 长尾山椒鸟

Pericrocotus ethologus

无危

长尾山椒鸟（雌） 摄影 / 张卫民

英文名 Long-tailed Minivet

体长 18~20cm

保护现状 三有动物

形态特征 雄鸟自头至背亮黑色；喉亦黑色；下背至尾上覆羽以及下体赤红色；翅黑色，具朱红色翼斑；尾黑色。雌鸟额基和眼前上方微黄色；头顶和颈暗褐灰色或灰褐色；背沾黄绿色；腰和尾上覆羽橄榄绿黄色；翅褐黑色，具黄色翼斑；尾羽黄色；颊和耳羽灰色；颏黄白色；余下体黄色。虹膜暗褐色；喙和脚均黑色。

生态习性 集大群活动，性嘈杂。栖息于多种植被类型的生境中，如阔叶林、杂木林、混交林、针叶林。杂食性。

分布范围 北京、河北北部、山东、河南、山西、陕西南部、内蒙古、宁夏、甘肃南部、青海东南部、云南、四川、贵州北部、湖北、湖南、广西、台湾、西藏南部。

80. 灰山椒鸟

Pericrocotus divaricatus

英文名　Ashy Minivet

体　长　18~21cm

保护现状　三有动物

无危

形态特征　中等体型的黑色、灰色、白色山椒鸟。与小灰山椒鸟的区别在于眼先黑色。与暗灰鹃鵙的区别在于下体白色，腰灰色。雄鸟顶冠、过眼纹及飞羽黑色，上体余部灰色，下体白色。雌鸟色浅而多灰色。虹膜褐色；喙及脚黑色。

生态习性　在树冠层中捕食昆虫。飞行时不如其他色彩艳丽的山椒鸟易见。可形成多至 15 只的小群。

分布范围　黑龙江、吉林、辽宁、北京、天津、河北、山东、河南、山西、内蒙古东北部、甘肃、云南、四川、贵州、湖北、湖南、安徽、江西、江苏、上海、浙江、福建、广东、香港、广西、海南、台湾。

灰山椒鸟　摄影 / 匡中帆

粉红山椒鸟（雄）　摄影 / 张卫民

81. 粉红山椒鸟

无危

Pericrocotus roseus

粉红山椒鸟（雌）　摄影 / 吴忠荣

英文名　Rosy Minivet

体　长　18~20cm

保护现状　三有动物

形态特征　体型略小而具红色或黄色斑纹的山椒鸟。颏及喉白色，头顶及上背灰色。雄鸟头灰色、胸玫红色而有别于其他山椒鸟。雌鸟与其他山椒鸟的区别在于腰部及尾上覆羽的羽色仅比背部略浅，并呈淡黄色，下体为较浅的黄色。虹膜褐色；喙黑色；脚黑色。

生态习性　冬季结成大群活动觅食。栖息于山地次生阔叶林、混交林和针叶林。

分布范围　山东、云南、四川西南部、重庆、贵州、江西、广东、香港、广西南部。

82. 黑卷尾

Dicrurus macrocercus

英文名 Black Drongo

体　长 24~30cm

保护现状 三有动物

无危

形态特征 中等体型的蓝黑色具辉光卷尾。喙小；尾长而呈深叉状；最外侧一对尾羽最长，端部稍向上卷曲。两性相似。亚成鸟下体下部具近白色横纹。虹膜红色；喙及脚黑色。

生态习性 栖息于热带、亚热带地区的平原和低山丘陵地带，常单个或成对在农田和村寨附近的大乔木、灌丛、竹林以及电线上停息，或飞翔捕食昆虫。

分布范围 除新疆外，见于各省份。

黑卷尾　摄影 / 张卫民

灰卷尾　摄影 / 李毅

83. 灰卷尾

Dicrurus leucophaeus

英文名　Ashy Drongo

体　长　26~29cm

保护现状　三有动物

无危

形态特征　中等体型的灰色卷尾。体羽大都灰色或灰黑色；最外侧一对尾羽最长，呈深叉状。两性相似。虹膜橙红色；喙灰黑色；脚黑色。

生态习性　栖息于山区和平原地带的阔叶林、针叶林及针阔混交林或林缘地带，也活动于村落附近的乔木和疏林间，喜停息在高大的乔木树冠上，很少到密林及灌丛中活动。常成对或单个活动，立于林间空地的裸露树枝或藤条，攀高捕捉飞蛾或俯冲捕捉飞行中的猎物。

分布范围　北京、河北、河南、山西、陕西、甘肃南部、云南、四川、重庆、贵州、湖北、湖南、安徽、江西、江苏、上海、浙江、福建、台湾、西藏东南部、广东、广西、香港、澳门、海南。

发冠卷尾　摄影 / 张卫民

84. 发冠卷尾

Dicrurus hottentottus

英文名 Hair-crested Drongo

体　长 29~34cm

保护现状 三有动物

无危

形态特征 体型略大的黑色卷尾。通体羽毛绒黑色，羽端缀钢蓝绿色金属光泽；额部有一束发状长形羽冠；最外侧一对尾羽的先端显著向上卷曲；尾叉不明显，几乎呈平尾状。两性相似。虹膜红色或白色；喙及脚黑色。

生态习性 栖息于开阔丘陵或山地的树林中，属林栖性鸟类，常单独或成对活动。喜森林开阔处，有时（尤其晨昏）聚集一起鸣唱并在空中捕捉昆虫，甚是吵嚷。多在低处捕食昆虫，常与其他种类混群。

分布范围 见于各省份。

85. 寿带

Terpsiphone incei

英文名 Chinese Paradise Flycatcher

体长 17~21cm

保护现状 三有动物

LC 无危

形态特征 成年雄鸟中央 1 对尾羽特别延长，成飘带状；雌雄鸟羽色相似，后枕均具羽冠。棕色型头顶亮黑色，上体余部棕红色或栗红色；喉黑色或烟灰色；胸灰色；腹白色或沾棕色；尾下覆羽淡棕白色或浅栗红色。白色型头顶、头侧和颏、喉呈亮黑色；余部体羽呈白色；背羽和尾羽有黑色显著纵纹；飞羽黑色，缘白色。虹膜褐色；眼周裸露皮肤蓝色；喙蓝色，喙端黑色；脚蓝色。

生态习性 白色的雄鸟飞行时显而易见。通常从森林较低层的栖息处捕食，常与其他种类混群。食物主要为昆虫。

分布范围 除内蒙古、青海、新疆、西藏外，见于各省份。

寿带（白色型雄）　摄影 / 张海波

寿带（棕色型雄）　摄影 / 匡中帆

86. 虎纹伯劳

Lanius tigrinus

英文名 Tiger Shrike

体　长 17~19cm

保护现状 三有动物

无危

形态特征 中等体型。背部棕色；头顶至后颈灰色；前额、头侧和颈侧黑色；上体余部红褐色杂以黑色横斑。雄鸟顶冠及颈背灰色；背、两翼及尾浓栗色而多具黑色横斑；过眼线宽且黑；下体白色，两胁具褐色横斑。雌鸟似雄鸟但眼先及眉纹色浅。亚成鸟为较暗的褐色，眼纹黑色具模糊的横斑；眉纹色浅；下体皮黄色。虹膜褐色；喙蓝色，端黑色；脚灰色。

生态习性 喜在多林地带活动，通常在林缘突出的树枝上捕食昆虫。栖息于丘陵、平原等开阔的林地，多见停息在灌木、乔木的顶端或电线上。性凶猛，不仅捕食昆虫，有时也会袭击小鸟。

分布范围 除青海、新疆、海南外，见于各省份。

虎纹伯劳　摄影 / 张卫民

牛头伯劳 摄影 / 张廷跃

87. 牛头伯劳

Lanius bucephalus

英文名 Bull-headed Shrike

体长 19~20cm

保护现状 三有动物

LC

无危

形态特征 中等体型的褐色伯劳。顶冠褐色；背部灰色；尾端白色。飞行时初级飞羽基部白斑明显。下体偏白色并略具黑色横斑，两胁沾棕色。雌鸟体羽偏褐色，具棕褐色耳羽；繁殖羽体色较淡且较少赤褐色。两性相似。虹膜褐色；跗趾、趾黑褐色；爪黑色。

生态习性 喜开阔耕地及次生林，包括庭院和种植园，也出入于农田道边灌丛及河谷地带，有时见于果园和城镇公园。以昆虫等动物为主要食物。喜单个或成对活动。

分布范围 除新疆、西藏外，见于各省份。

红尾伯劳　摄影 / 吴忠荣

88. 红尾伯劳

Lanius cristatus

无危

英文名　Brown Shrike

体　长　17~20cm

保护现状　三有动物

形态特征　中等体型的淡褐色伯劳，较虎纹伯劳稍大。上体大都棕褐色；腹部棕白色。成鸟前额灰色，眉纹白色，宽宽的眼罩黑色，头顶及上体褐色，下体皮黄色无斑纹。两性相似。虹膜褐色；喙黑色；脚灰黑色。

生态习性　喜开阔耕地及次生林，包括庭院及人工林。单独栖息于灌丛、电线及小树上，捕食飞行中的昆虫或猛扑地面上的昆虫和小动物。以昆虫等动物为主要食物。

分布范围　除新疆、西藏外，见于各省份。

89. 棕背伯劳

Lanius schach

英文名 Long-tailed shrike

体　长 23~28cm

保护现状 三有动物

无危

形态特征 体型略大而尾长的棕色、黑色及白色伯劳。头侧具宽阔的黑纹；头顶至上背灰色；肩羽、下背至尾上覆羽逐渐转为深棕色；翅和尾黑色；下体大都浅棕白色，翼有一白色斑。亚成鸟色较暗，两胁及背具横斑，头及颈背灰色较重。两性相似。虹膜褐色；喙及脚黑色。

生态习性 喜草地、灌丛、茶林、丁香林及其他开阔地。立于低树枝，猛然飞出捕食飞行中的昆虫，常猛扑地面的蝗虫及甲壳虫。它是贵州最常见的一种伯劳。性凶猛，喙、爪有力。

分布范围 新疆、西藏东南部、云南、北京、天津、河北、河南南部、山东、陕西南部、甘肃南部、四川、重庆、贵州、湖北、湖南、安徽、江西、江苏、上海、浙江、福建、广东、香港、澳门、广西、海南、台湾。

棕背伯劳　摄影 / 张廷跃

灰背伯劳　摄影 / 郭轩

90. 灰背伯劳

Lanius tephronotus

英文名　Grey-backed Shrike

体长　21~25cm

保护现状　三有动物

无危

形态特征 体型略大。雄鸟额基、眼先、眼周、颊及耳羽均黑色；头顶至下背暗灰色；腰及尾上覆羽橙棕色；尾羽黑褐色，羽缘灰棕色；两翼黑褐色，内侧飞羽及大覆羽具棕色羽缘；颏、喉至上胸白色，微沾棕色；胸、体侧及尾下覆羽浅棕色，腹部中央白色。雌鸟羽色似雄鸟但额基黑羽较窄，眼上略有白纹，头顶灰羽染浅棕色，尾上覆羽可见细疏黑褐色鳞纹。下体污白色，胸、胁染锈棕色。虹膜褐色；喙褐色；脚黑绿色。

生态习性 栖息于自平原至海拔 4000m 的山地疏林地区，在农田及农舍附近较多。常栖息在树梢的干枝或电线上。以昆虫为主食。

分布范围 陕西、内蒙古西部、宁夏、甘肃、新疆西部、西藏、青海、云南、四川、重庆、贵州、湖北、湖南、香港、广西。

（二十七）鸦科 Corvidae

91. 松鸦

Garrulus glandarius

英文名 Eurasian Jay

体　长 30~36cm

保护现状 三有动物

无危

形态特征 体小偏粉色。翼上具黑色及蓝色镶嵌图案，腰白色。髭纹黑色，两翼黑色具白色斑块。飞行时两翼显得宽圆。飞行沉重，振翼无规律。虹膜浅褐色；喙灰色；脚肉棕色。

生态习性 性喧闹，喜落叶林地及森林。以果实、鸟卵、尸体及栎树果实为食。也会主动围攻猛禽。

分布范围 见于各省份。

松鸦　摄影 / 沈惠明

92. 红嘴蓝鹊

Urocissa erythrorhyncha

英文名 Red-billed Bule Magpie

体　长 53~68cm

保护现状 三有动物

无危

形态特征 体型较大，具长尾。头顶至后颈具淡紫白色斑块；头颈余部和颏、喉至上胸黑色；背紫蓝灰色；腹灰白色；尾长而具白色端斑和黑色次端斑。两性相似。虹膜红色；喙红色；脚红色。

生态习性 栖息于丘陵和中低山区的次生阔叶林、针叶林、针阔叶混交林或竹林等多种类型的森林中，也见于河谷两岸的疏林、荒坡及耕地和村边的树林、竹丛中。常成对或几只鸟聚集成小群一起活动。杂食性。冬季有储藏食物习性。

分布范围 辽宁、北京、河北、山东、山西、内蒙古东南部、甘肃、河南、陕西、宁夏、云南、四川、重庆、贵州、湖北、湖南、安徽、江西、江苏、上海、浙江、福建、广东、香港、澳门、广西、海南。

红嘴蓝鹊　摄影 / 张卫民

灰树鹊　摄影 / 郭轩

93. 灰树鹊

Dendrocitta formosae

英文名 Gray Treepie

体　长 36~40cm

保护现状 三有动物

无危

形态特征 体型略大的褐灰色鸦类。前额黑色，头顶至枕蓝灰色；背和肩羽棕褐色；翅黑色，初级飞羽具一白斑；尾羽黑色或中央尾羽部分灰色；颏、喉黑褐色；胸至腹褐灰色；尾上覆羽灰色或灰白色。两性相似。虹膜红褐色；喙黑色，喙基灰色；脚深灰色。

生态习性 栖息于丘陵和山区的常绿阔叶林、次生常绿阔叶林和针阔混交林中，常成对或结成4~5只的小家族群活动，叫声响亮而多变。

分布范围 云南、四川、贵州、湖南、安徽、江西、江苏、浙江、福建、广东、香港、澳门、广西、台湾、海南。

94. 喜鹊

Pica sericea

英文名 Oriental Magpie

体　长 40~50cm

保护现状 三有动物

LC

无危

形态特征 除两肩和腹部纯白色、初级飞羽内翈大部白色外，余部大多为亮黑色；黑色的长尾呈楔形。两性相似。虹膜褐色；喙黑色；脚黑色。

生态习性 村寨和城市附近常见的鸟类，常活动于平原或山区的山脚、林缘、村庄或城市周围的大树、屋顶和耕地，不见于密林中。平时多成对，冬季有时也成群活动。杂食性。

分布范围 见于各省份。

喜鹊　摄影/张卫民

小嘴乌鸦 摄影 / 李毅

95. 小嘴乌鸦

Corvus corone

英文名 Carrion Crow

体　长 48~56cm

无危

形态特征 体大的黑色鸦。与秃鼻乌鸦的区别在于喙基部被黑色羽，与大嘴乌鸦的区别在于额弓较低，喙虽强劲但形显细。虹膜褐色；喙黑色；脚黑色。

生态习性 喜结大群栖息，不结群营巢。觅食于矮草地及农耕地，以无脊椎动物为主要食物，喜食尸体，常在道路上吃被车辆轧死的动物。

分布范围 除西藏外，见于各省份。

96. 白颈鸦

Corvus pectoralis

英文名 Collared Crow

体　长 47~55cm

保护现状 三有动物

近危

形态特征 体大的亮黑色及白色鸦。喙粗厚，颈背及胸带强反差的白色使其有别于同地区的其他鸦类，仅与达乌里寒鸦略似，但达乌里寒鸦较白颈鸦体甚小且下体甚多白色。虹膜深褐色；喙黑色；脚黑色。

生态习性 栖息于平原、耕地、河滩、城镇及村庄。有时与大嘴乌鸦混群活动。善行走。

分布范围 除新疆、西藏、青海外，见于各省份。

白颈鸦 摄影 / 郭轩

大嘴乌鸦　摄影 / 张卫民

97. 大嘴乌鸦

Corvus macrorhynchos

英文名　Large-billed Crow

体　长　47~57cm

LC

无危

形态特征　体大的闪光黑色鸦。全身黑色；喙形粗厚，喙基处不光秃；后颈羽毛柔软松散如发，羽干不明显；额弓高而突出。上喙明显弯曲；尾较平。虹膜褐色；喙黑色；脚黑色。

生态习性　栖息于平坝、丘陵和山区等多种生境中，常在农田、耕地、河滩和人类居住地附近活动觅食，性喜结群，常数只到数十只一群。杂食性。

分布范围　见于各省份。

98. 方尾鹟

Culicicapa ceylonensis

英文名 Grey-Headed Canary-flycatcher
体　长 12~13cm
保护现状 三有动物

无危

形态特征 体小。头、颈、喉至上胸污灰色；前额、头顶至后枕较暗，呈灰褐色；上体亮黄绿色；下胸、腹至尾下覆羽鲜黄色；翅和尾羽黑褐色，外缘黄绿色；外侧尾羽与中央尾羽等长，呈方尾形；喙形宽扁，喙须特多而长，几乎达至喙端。虹膜褐色；上喙黑色，下喙角质色；脚黄褐色。

生态习性 喧闹活跃，在树枝间跳跃，不停捕食及追逐过往昆虫。常将尾扇开。多栖息于森林的底层或中层。常与其他鸟混群。

分布范围 山东、河南、陕西南部、甘肃东南部、西藏东部和南部、云南、四川、重庆、贵州、湖北西部、湖南、江西、江苏、上海、广东、香港、澳门、广西、海南中部、台湾。

方尾鹟　摄影 / 张海波

99. 黄腹山雀

Pardaliparus venustulus

英文名 Yellow-bellied Tit

体　长 9~11cm

保护现状 三有动物

无危

形态特征 尾短。头、喉和上胸黑色；颊白色；腹部黄色，腹部中央无黑色纵带；翼上具两排白色斑点；喙甚短。雄鸟头及胸黑色，颊斑及颈后具白色点斑，上体蓝灰色，腰银白色。雌鸟头部灰色较重，喉白色，与颊斑之间有灰色的下颊纹，眉略具浅色点。幼鸟似雌鸟但色暗，上体多橄榄色。虹膜褐色；喙近黑色；脚蓝灰色。

生态习性 常成群活动于阔叶树上，也跳跃穿梭于灌丛间，有时与大山雀等混群活动。食物以昆虫为主。

分布范围 除新疆、西藏外，见于各省份。

黄腹山雀（雌） 摄影 / 郭轩

100. 大山雀

Parus major

英文名 Great Tit

体　长 12~14cm

保护现状 三有动物

无危

形态特征 体长而结实的黑色、灰色及白色山雀。头辉蓝黑色；两颊具大型白斑；上体蓝灰色，上背沾黄绿色；胸、腹部白色，中央具显著黑色纵纹。两性相似。雄鸟胸带较宽，幼鸟胸带减为胸兜。虹膜褐色；喙黑色；跗跖和趾紫褐色，爪褐色。

生态习性 通常栖息于山区阔叶林、针叶林、针阔混交林、竹林及河谷耕作区的经济林木上，有时也见于灌木丛间或果园内。鸣声的基调似“子伯、子伯”或“子嘿、子嘿”。

分布范围 西藏、青海、黑龙江、吉林、辽宁、北京、天津、河北南部、山东、山西、陕西、内蒙古中部、宁夏、甘肃西部、四川、重庆、云南、贵州、湖北、湖南、江西、安徽、江苏、上海、浙江、福建、广东、香港、广西、台湾、海南。

大山雀　摄影 / 张廷跃

绿背山雀　摄影 / 张廷跃

101. 绿背山雀

Parus monticolus

英文名　Green-backed Tit

体　长　12~15cm

保护现状　三有动物

无危

形态特征　头部黑色，两颊的白色斑明显；上背绿色且具两道白色翼纹；腹部黄色沾有浅绿色，中央贯以显著的黑色纵纹。在中国仅与白腹的大山雀亚种有分布重叠。虹膜褐色；喙黑色；脚青石灰色。

生态习性　常栖息于常绿、落叶阔叶林和针阔叶混交林中。主要捕食昆虫。冬季成群。

分布范围　西藏南部和东南部、陕西南部、宁夏、甘肃南部、云南、四川、重庆、贵州、湖北西部、湖南、广西、台湾。

102. 棕扇尾莺

Cisticola juncidis

英文名　Zitting Cisticola

体　长　10~14cm

保护现状　三有动物

LC 无危

形态特征　体被褐色纵纹。腰黄褐色，尾端白色清晰。白色眉纹较颈侧及颈背明显为浅。虹膜褐色；喙褐色；脚粉红色至近红色。

生态习性　栖息于开阔草地、稻田及甘蔗地。求偶飞行时雄鸟在其配偶上空作振翼停空并盘旋鸣叫。非繁殖期惧生而不易见到。

分布范围　辽宁、北京、天津、河北、山东、河南、山西、陕西、甘肃、云南、四川、重庆、贵州、湖北、湖南、安徽、江西、江苏、上海、浙江、福建、广东、香港、澳门、广西、海南、台湾。

棕扇尾莺　摄影 / 韩奔

山鹪莺　摄影 / 张卫民

中国特有种

103. 山鹪莺

Prinia striata

英文名　Striated Prinia

体　长　15~17cm

保护现状　三有动物

LC 无危

形态特征　体被深褐色纵纹。具形长的凸形尾；上体灰褐色并具黑色及深褐色纵纹；下体偏白色，两胁、胸及尾下覆羽沾茶黄色，胸部黑色纵纹明显。非繁殖期褐色较重，胸部黑色较少，顶冠具皮黄色和黑色细纹。虹膜浅褐色；喙黑色（冬季褐色）；脚偏粉色。

生态习性　多栖息于高草及灌丛，常在耕地活动。雄鸟喜于突出处鸣叫。以昆虫等为食。

分布范围　河南南部、陕西、甘肃东南部、西藏、云南、重庆、湖北、湖南、安徽、江西、江苏、四川、贵州、上海、浙江、福建、广东、澳门、广西、台湾。

纯色山鹪莺　摄影 / 张卫民

104. 纯色山鹪莺

Prinia inornata

英文名　Plain Prinia

体　长　13~15cm

保护现状　三有动物

无危

形态特征　体型较小。具浅色眉纹。繁殖羽上体褐灰色微沾棕色，头顶较暗；眉纹纤细呈淡棕白色；下体淡棕白色，胁、覆腿羽和尾下覆羽沾棕色；尾羽灰褐色，端缘微白色，次端斑黑褐色。非繁殖羽上体暗棕褐色，头顶隐现暗褐色羽干纹；下体橙棕色；颏、喉稍浅淡；尾羽较长。两性相似。虹膜浅褐色；上喙黑色至褐色，下喙色浅；脚橘黄色。

生态习性　栖息于低山丘陵、河谷、平原地区的稀树灌丛、草丛、田园耕地和居民园林等生境中。性活泼，头尾常高高耸起，结小群活动。

分布范围　山东、云南、四川西部、重庆、贵州、湖北、湖南、安徽、江西、江苏、上海、浙江、福建、广东、香港、澳门、广西、海南、台湾。

105. 小鳞胸鹪鹛

Pnoepyga pusilla

英文名 Pygmy Cupwing

体　长 8~9cm

保护现状 三有动物

无危

形态特征 体极小，几乎无尾。上体包括两翅及尾的表面等均呈沾棕色的暗褐色，头顶和上背各羽缘以黑褐色，翅上覆羽大都缀以棕黄色点状次端斑，飞羽渲染栗褐色，尾羽具狭窄的棕色端；颏、喉、胸和腹亦白色，胸部的褐色羽缘特别明显，因而形成鳞片状；两胁黑褐色。虹膜暗褐色；上喙黑褐色，下喙稍淡，喙基黄褐色；脚和趾均褐色。

生态习性 性隐匿，常在稠密灌木丛或竹林树根间的地面上急速奔跑。受惊时就潜入密丛深处，从不远飞。性羞怯，体型虽小，但叫声却很洪亮。平时不常鸣叫。食物为植物的叶、芽及昆虫等。

分布范围 陕西南部、甘肃南部、西藏东南部、云南、四川、重庆、贵州、湖北、湖南、安徽、江西东北部、浙江、福建、广东、广西。

小鳞胸鹪鹛　摄影 / 张海波

106. 崖沙燕

Riparia riparia

英文名 Sand Martin

体　长 12~13cm

保护现状 三有动物

无危

形态特征 上体暗褐色，额、腰和尾上覆羽色较淡；翼上内侧飞羽和覆羽与背同色，但羽端稍淡；外侧飞羽和覆羽及尾羽等均为黑褐色，尾羽羽缘灰白色，具暗黑褐色横斑；眼先黑褐色，耳羽灰褐色；颏、喉灰白色；胸具完整清晰的灰褐色环带，下体余部淡灰白色。虹膜褐色；喙及脚黑色。

生态习性 生活于沼泽及河流之上，在水上疾掠而过或停栖于突出树枝，飞行捕食昆虫。

分布范围 见于各省份。

崖沙燕　摄影 / 韦铭

淡色崖沙燕　摄影 / 李利伟

107. 淡色崖沙燕

Riparia diluta

英文名　Pale Martin

体　长　12~13cm

保护现状　三有动物

无危

形态特征　上体褐色；下体白色并具一道特征性的褐色胸带。亚成鸟喉皮黄色。虹膜褐色；喙及脚黑色。

生态习性　生活于沼泽及河流之上，在水上疾掠而过或停栖于突出树枝。

分布范围　河南北部、陕西南部、甘肃南部、四川东部、重庆、贵州、湖北、湖南、江苏、上海、浙江、福建、广东、香港、广西。

108. 家燕

Hirundo rustica

英文名 Barn Swallow

体长 17~20cm

保护现状 三有动物

无危

形态特征 中等体型。头顶和整个上体呈钢蓝黑色，闪耀金属光泽；颏、喉栗红色，上胸具蓝色横带；胸、腹至尾下覆羽纯白色或淡棕白色，无斑纹；尾黑色，呈铗尾型；尾羽除中央 1 对外辉蓝色，其余尾羽内翈均具白斑。亚成鸟体羽色暗，尾无延长。虹膜褐色；喙及脚黑色。

生态习性 常见成群低空飞行，或栖息于电线上；每年 3 月中旬即由南方迁来，11 月才离去；营巢于住宅内的墙壁、房梁上、或屋檐下。巢呈半碗状。

分布范围 见于各省份。

家燕 摄影 / 郭轩

烟腹毛脚燕　摄影 / 韦铭

109. 烟腹毛脚燕

Delichon dasypus

英文名　Asian House Martin

体　长　11~13cm

保护现状　三有动物

无危

形态特征　体小矮壮的黑色燕。前额、头顶至背羽呈辉亮的钢蓝黑色；腰羽白色；尾浅叉；颏、喉和下体余部白色而渲染烟灰色；跗跖和趾被白色绒羽。翼衬黑色。虹膜褐色；喙黑色；脚粉红色，被白色羽至趾。

生态习性　单独或成小群，与其他燕或金丝燕混群。比其他燕更喜留在空中，多见其于高空翱翔。

分布范围　黑龙江、江苏东部、上海、福建中部、北京、山西南部、陕西南部、甘肃西北部、宁夏、西藏南部、青海、云南西北部、四川、重庆、贵州东北部、湖北西部、湖南、安徽、江西、浙江、福建、广东、香港、广西、台湾。

金腰燕　摄影 / 郭轩

110. 金腰燕

Cecropis daurica

英文名　Red-rumped Swallow

体　长　16~20cm

保护现状　三有动物

无危

形态特征　体型较家燕略大。头顶和背蓝黑色；腰栗黄色；下体淡棕白色而满布黑色纵纹，尾长而叉深。虹膜褐色；喙及脚黑色。

生态习性　多分布于山区海拔较高的村寨。常见成群飞翔，捕食空中飞虫。

分布范围　黑龙江、吉林、内蒙古、新疆、宁夏、甘肃西部和南部、西藏南部和东部、青海东部和南部、辽宁、北京、天津、河北、山东、河南、山西、陕西、甘肃、云南、四川、重庆、贵州、湖北、湖南、安徽、江西、江苏、上海、浙江、福建、广东、香港、澳门、广西、台湾。

111. 领雀嘴鹎

Spizixos semitorques

英文名 Collared Finchbill

体　长 21~23cm

保护现状 三有动物

无危

形态特征 体大的偏绿色鹎。喙短厚，上喙下弯；头黑色；上体暗橄榄绿色，下体橄榄黄色；喉白色，喙基周围近白色，脸颊具白色细纹；尾羽与上体同色，尾端近黑色。颊与耳羽为黑白相间；胸部具一条半环状白领。两性相似。虹膜褐色；喙浅黄色；脚偏粉色。

生态习性 栖息在从海拔 350m 的平坝到海拔 2000m 的高山上的树林里、灌丛中，还多见于海拔 500~1000m 的丘陵地区。性喜结群，有时也见单独或成对活动觅食。

分布范围 河南南部、山西、陕西、甘肃南部、云南、四川、重庆、贵州、湖北、湖南、安徽、江西、上海、浙江、福建、广东、广西、台湾。

领雀嘴鹎　摄影 / 张廷跃

112. 黄臀鹎

Pycnonotus xanthorrhous

英文名　Brown-breasted Bulbul

体　长　19~21cm

保护现状　三有动物

LC 无危

形态特征　中等体型的灰褐色鹎。头黑色，羽冠不明显；近下喙基部具一块微小红色斑点；上体褐色；耳羽略浅；喉白色；下体近白色；上胸具浅褐色横带；尾下覆羽深黄色，尾端无白色。虹膜褐色；喙黑色；脚黑色。

生态习性　分布在海拔 240~2600m 的地方。性情活泼，喜集群，常在村寨附近和溪流边的灌丛中与树枝间跳跃或觅食。

分布范围　西藏东南部、河南、陕西、甘肃中部和南部、云南、四川、重庆、贵州、湖北、湖南、安徽、江西、江苏、上海、浙江、福建、广东、澳门、广西。

黄臀鹎　摄影 / 张海波

白头鹎　摄影 / 张廷跃

113. 白头鹎

Pycnonotus sinensis

英文名　Light-vented Bulbul

体　长　18~20cm

保护现状　三有动物

无危

形态特征　中等体型。额与头顶纯黑色；两眼上方至枕后呈白色；上体灰褐色或暗石板灰色，具不明显的黄绿色纵纹；翅、尾均黑褐色，具明显的黄绿色羽缘；喉白色；胸染灰褐色，形成一道宽阔而不明显的横带；腹部白色，缀以淡绿黄色纵纹；尾下覆羽白色。两性相似。幼鸟头橄榄色，胸具灰色横纹。虹膜褐色；喙近黑色；脚黑色。

生态习性　性活泼，结群于果树上活动。有时从栖处飞行捕食。杂食性。食物包括各种昆虫和蜘蛛，植物性食物有叶、果实和种子等。

分布范围　除新疆、西藏外，见于各省份。

114. 绿翅短脚鹎

Ixos mcclellandii

英文名 Mountain Bulbul

体　长 21~24cm

保护现状 三有动物

无危

形态特征 体大而喜喧闹的橄榄色鹎。头顶栗褐色，羽毛尖形，具有浅色轴纹；上体深灰褐色；颈侧染红棕色；飞羽和尾羽的表面呈亮橄榄绿色；喉灰色而具白色纵纹，羽端尖细；下体棕白色；尾下覆羽呈浅黄色。虹膜褐色；喙近黑色；脚粉红色。

生态习性 栖息于阔叶林、针叶林、针阔混交林或次生林中，也见于溪流河畔或村寨附近的竹林、杂木林。大都三五只或十余只结小群活动于乔木中层，偶尔单独活动。杂食性，以植物性食物为主。

分布范围 西藏、河南南部、陕西南部、甘肃南部、云南、四川、重庆、贵州、湖北、湖南、安徽、江西、浙江、福建、广东、香港、广西、海南。

绿翅短脚鹎　摄影 / 张廷跃

栗背短脚鹎 摄影 / 郭轩

115. 栗背短脚鹎

Hemixos castanonotus

英文名 Chestnut Bulbul

体　长 19~22cm

保护现状 三有动物

无危

形态特征 体型略大。上体栗褐色，头顶黑色而略具羽冠，喉白色，腹部偏白色；胸及两胁浅灰色；两翼及尾灰褐色，覆羽及尾羽边缘绿黄色。虹膜褐色；喙深褐色；脚深褐色。

生态习性 常结成活跃小群。藏身于甚茂密的植物丛。分布于海拔较低的丘陵地带，性活泼，群集活动。鸣声嘈杂，有时作有韵律的鸣唱。

分布范围 河南南部、云南东南部、贵州、湖北、湖南、安徽、江西、上海、浙江、福建、广东、香港、澳门、广西、海南。

116. 黑短脚鹎

Hypsipetes leucocephalus

英文名　Black Bulbul

体　长　23.5~26.5cm

保护现状　三有动物

无危

形态特征　中等体型的黑色鹎。全身羽毛呈黑色或黑灰色，有的头、颈白色，其余体羽纯黑色或黑灰色；腹部有时灰白色；尾略分叉。两性相似。虹膜褐色；喙和脚红色。

生态习性　栖息于阔叶林、针叶林、针阔混交林、小乔木林以及山坡灌丛等生境，有时甚至活动于村寨和农田附近的次生林和灌丛中，多在树冠上部栖息活动。季节性迁移，冬季于中国南方可见到数百只的大群。杂食性，食果实及昆虫，但以植物性食物为主。

分布范围　西藏东南部、云南、陕西南部、甘肃南部、四川西南部和中部、重庆、山东、河南南部、贵州、湖北、湖南、安徽、江西、江苏、上海、浙江、福建、广东、香港、澳门、广西、海南、台湾。

黑短脚鹎　摄影 / 张海波

117. 黄眉柳莺

Phylloscopus inornatus

英文名 Yellow-browed Warbler

体　长 10~11cm

保护现状 三有动物

无危

形态特征 中等体型。上体鲜艳橄榄绿色；眉纹黄白色；头顶冠纹不明显；腰无黄带；翅上具两道宽阔的黄白色翅斑；下体污白色而沾灰色，缀有淡黄色细纹；喙黑色，下喙基部黄色。两性相似。虹膜褐色；上喙色深，下喙基黄色；脚粉褐色。

生态习性 性活泼，常结群且与其他小型食虫鸟类混合，栖息于森林的中上层食。

分布范围 除新疆外，见于各省份。

黄眉柳莺　摄影 / 张卫民

黄腰柳莺　摄影 / 张卫民

118. 黄腰柳莺

Phylloscopus proregulus

英文名	Pallas's Leaf Warbler
体　长	9~10cm
保护现状	三有动物

无危

形态特征　上体橄榄绿色；头顶较暗；中央有淡绿黄色冠纹；眉纹绿黄色；腰羽柠檬黄色，形成宽阔的腰带；翅上具两道黄色翅斑；下体污白色；胁和尾下覆羽沾黄绿色。两性相似。虹膜褐色；喙黑色，喙基橙黄色；脚粉红色。

生态习性　栖息于亚高山林，夏季高可至海拔 4200m 的林线。越冬在低地林区及灌丛。繁殖季节多见单个或成对活动，秋冬季多结群。

分布范围　见于各省份。

119. 棕眉柳莺

Phylloscopus armandii

英文名 Yellow-streaked Warbler

体长 12~14cm

保护现状 三有动物

无危

形态特征 中等体型，敦实。上体橄榄褐色；眉纹棕黄色；贯眼纹暗褐色；颊和耳羽棕褐色；下体棕白色；腹部渲染黄色细纹；胸和胁染棕褐色；尾下覆羽皮黄色。尾略分叉，喙短而尖。特征为喉部的黄色纵纹常隐约贯胸而及至腹部，尾下覆羽黄褐色。两性相似。虹膜褐色；上喙褐色，下喙较淡；脚黄褐色。

生态习性 常在亚高山云杉林中的柳树及杨树群落活动。于低灌丛下的地面取食。繁殖季节多见成对或单独活动，秋、冬季结群。以昆虫为食。

分布范围 辽宁、北京、天津、河北、山西、陕西、内蒙古中部和东部、宁夏、甘肃南部、西藏东部、青海、香港、云南、四川、重庆、贵州、湖北、湖南北部、江西、广西。

棕眉柳莺　摄影 / 韦铭

褐柳莺 摄影 / 黄吉红

120. 褐柳莺

Phylloscopus fuscatus

英文名 Dusky Warblerr

体　长 11~12cm

保护现状 三有动物

LC

无危

形态特征 中等体型的单一褐色柳莺。外形甚显紧凑而墩圆，两翼短圆，尾圆而略凹。下体乳白色，胸及两胁沾黄褐色。上体灰褐色，飞羽有橄榄绿色的翼缘。喙细小，腿细长。指名亚种眉纹沾栗褐色，脸颊无皮黄色，上体褐色较重。与巨嘴柳莺易混淆，不同之处在于嘴纤细且色深，腿较细，眉纹较窄而短（指名亚种眉纹后端棕色），眼先上部的眉纹有深褐色边且眉纹将眼和喙隔开，腰部无橄榄绿色渲染。虹膜褐色；上喙色深，下喙偏黄色；脚偏褐色。

生态习性 隐匿于海拔 4000m 以下的沿溪流、沼泽周围及森林中潮湿灌丛的浓密低植被之下。翘尾并轻弹尾及两翼。

分布范围 见于各省份。

121. 冕柳莺

Phylloscopus coronatus

英文名　Eastern Crowned Warbler

体　长　11~12cm

保护现状　三有动物

无危

形态特征　中等体型的黄橄榄色柳莺。头顶暗绿褐色；具近白色的眉纹和顶纹；上体暗绿色，上背沾褐色，翅上具一道狭窄的翅斑；下体淡灰白色；尾下覆羽淡柠檬黄色。两性相似。与冠纹柳莺的区别在仅一道翼斑，喙较大，顶纹及眉纹更显黄色。虹膜深褐色；上喙褐色，下喙色浅；脚灰色。

生态习性　喜光顾红树林、林地及林缘，从海平面直至最高的山顶。加入混合鸟群，通常见于较大树木的树冠层。

分布范围　除青海外，见于各省份。

冕柳莺　摄影 / 李利伟

122. 比氏鹟莺

Phylloscopus valentini

英文名 Bianchi's Warbler

11~12cm

三有动物

无危

形态特征 有翼带；眼眶黄色；冠灰色，侧贯纹止于额上。成鸟头顶中央冠纹橄榄灰色，沾绿色；侧冠纹乌黑色；眉纹暗橄榄绿色沾灰色；上体暗绿色。虹膜暗褐色；上喙角褐色，下喙黄色；脚暗黄色。

生态习性 结群活动于阔叶林间。食物主要为昆虫。

分布范围 北京、河南、陕西南部、宁夏南部、甘肃南部、云南南部、四川、重庆、贵州、湖北北部、湖南、安徽、江西、上海、浙江、福建、广东、香港、澳门、广西、海南。

123. 暗绿柳莺

Phylloscopus trochiloides

英文名 Greenish Warbler

体　长 11~12cm

保护现状 三有动物

无危

形态特征 体型略小的柳莺。上体橄榄绿色；长眉纹黄白色；头顶较暗；偏灰色的顶纹与头侧绿色几无对比；腰较淡；通常仅具一道黄白色翼斑；下体淡黄白色，尤以两胁和尾下覆羽更多黄色，尾无白色。虹膜褐色；上喙角质色，下喙偏粉色；脚褐色。

生态习性 夏季栖息于高海拔的灌丛及林地，越冬于低地森林、灌丛及农田。捕食昆虫等。

分布范围 北京、河南、内蒙古中部、陕西南部、宁夏、西藏东部和南部、青海、云南、海南、甘肃南部、四川、贵州、湖北、江西、香港、广西、新疆。

暗绿柳莺　摄影 / 董磊

极北柳莺　摄影 / 李利伟

124. 极北柳莺

Phylloscopus borealis

英文名　Arctic Warbler

体　长　12~13cm

保护现状　三有动物

无危

形态特征　体小的偏灰橄榄色柳莺。具明显的黄白色长眉纹；上体深橄榄色，具甚浅的白色翼斑，中覆羽羽尖成第二道模糊的翼斑；下体略白色，两胁褐橄榄色；眼先及过眼纹近黑色。虹膜深褐色；上喙深褐色，下喙黄色；脚褐色。

生态习性　喜开阔有林地区、红树林、次生林及林缘地带。加入混合鸟群，在树叶间寻食。

分布范围　见于各省份。

125. 栗头鹟莺

Seicercus castaniceps

英文名 Chestnut-crowned Warbler
体　长 9~10cm
保护现状 三有动物

无危

形态特征 体型甚小的橄榄色莺。头顶棕栗色，侧冠纹黑色；上背灰色，下背橄榄绿色；腰和尾上覆羽亮黄色；眼圈白色；颊和颏、喉至胸部灰色；腹黄色或白色；胁部及尾下覆羽黄色；外侧 1 对或 2 对尾羽内翈白色。两性相似。虹膜褐色；上喙黑色，下喙浅；脚角质灰色。

生态习性 活跃于山区森林，在小树的树冠层积极觅食。常与其他种类混群。

分布范围 西藏南部和东部、云南、河北、河南、陕西南部、甘肃南部、四川、重庆、贵州、湖北、湖南、安徽、江西、上海、浙江、福建、广东、香港、广西。

栗头鹟莺　摄影 / 郭轩

黑眉柳莺　摄影 / 方洋

126. 黑眉柳莺

Phylloscopus ricketti

英文名　Sulphur-breasted Warbler

体　长　10~12cm

保护现状　三有动物

无危

形态特征　色彩鲜艳的柳莺。头顶有一道显著的绿黄色中央冠纹和两道显著的黑色侧冠纹；眉纹黄绿色；贯眼纹黑色；上体橄榄绿色；翅上具两道不明显的黄色翅斑；下体鲜黄色，外侧尾羽具白色狭缘。两性相似。虹膜褐色；上喙色深，下喙偏黄色；脚黄粉色。

生态习性　性活泼，常与其他莺类混群。栖息于海拔 1500m 以下的丘陵混合林。

分布范围　河南、陕西、甘肃东南部、云南东南部、四川、重庆、贵州、湖北、湖南、江西、上海、浙江、福建、广东、香港、广西。

127. 冠纹柳莺

Phylloscopus claudiae

英文名 Claudia's Leaf Warble

体　长 10~11cm

保护现状 三有动物

无危

形态特征 色彩亮丽的柳莺。翅上具两道宽阔的黄色翅斑；头顶冠纹较显著，尾下覆羽不呈辉黄色；胸、腹部灰白色而稍缀淡黄色细纹；外侧尾羽内翈狭缘白色。两性相似。侧顶纹色淡，两道翼斑较醒目且下体少黄色。虹膜褐色；上喙色深，下喙粉红色；脚偏绿至黄色。

生态习性 性活泼，有时倒悬而于树枝下方取食。食物主要为昆虫。

分布范围 北京、河北、山西东南部、陕西东南部、宁夏、甘肃南部、云南、四川北部、贵州、湖北、湖南、江西、福建、台湾。

冠纹柳莺　摄影 / 匡中帆

白斑尾柳莺　摄影 / 田穗兴

128. 白斑尾柳莺

Phylloscopus ogilviegranti

英文名　Kloss's Leaf Warbler

10.5~11cm

三有动物

无危

形态特征　中等体型的柳莺。上体亮绿色，具两道近黄色的翼斑；下体白色而染黄色；顶纹模糊，粗眉纹黄色，过眼纹近深绿色；外侧三枚尾羽具白色内缘，且延至外翈。甚似冠纹柳莺及峨眉柳莺，最好以声音及行为来区别，但外侧尾羽的白色较多。虹膜褐色；上喙色深，下喙粉红色；脚粉褐色。

生态习性　两翼同时快速鼓振，与冠纹柳莺相反。主要栖息于海拔 3000m 以下的落叶或常绿阔叶林。

分布范围　陕西、云南、四川、重庆、贵州、湖南、广西、江西、浙江、福建、广东。

129. 棕脸鹟莺

Abroscopus albogularis

英文名 Rufous-faced Warbler

体　长 8~10cm

保护现状 三有动物

无危

形态特征 色彩亮丽的莺。头栗色，具黑色侧冠纹，白色眼圈不显著且无翼斑；上体绿色，腰黄色；下体白色，颏及喉杂黑色斑点，上胸沾黄色。虹膜褐色；上喙色暗，下喙色浅；脚粉褐色。

生态习性 栖息于常绿林及竹林密丛，捕食昆虫等。

分布范围 西藏东南部、河南南部、陕西南部、甘肃南部、云南、四川、重庆、贵州、湖北、湖南、安徽、江西、浙江、福建、广东、香港、广西、海南、台湾。

棕脸鹟莺　摄影 / 郭轩

强脚树莺　摄影 / 李毅

130. 强脚树莺

Horornis fortipes

英文名　Brownish-flanked Bush Warbler

体　长　11~13cm

保护现状　三有动物

无危

形态特征　暗褐色的树莺。上体纯棕橄榄褐色，眉纹皮黄色而较狭细，贯眼纹暗褐色；下体浅皮黄色，体侧黄褐色。两侧相似。甚似黄腹树莺但上体的褐色多且深，下体褐色深而黄色少，腹部白色少，喉灰色亦少；叫声也有区别。虹膜褐色；上喙深褐色，下喙基色浅；脚肉棕色。

生态习性　隐于浓密灌木丛，易闻其声但难将其赶出一见。通常独处或两三只结小群活动。鸣声响亮而动听，十分悦耳。主要以昆虫为食，兼食少量种子。

分布范围　西藏南部、北京、河南、山西、陕西南部、甘肃南部、云南、四川、重庆、贵州、湖北、湖南、安徽、江西、江苏、上海、浙江、福建、广东、香港、广西、台湾。

131. 黄腹树莺

Horornis acanthizoides

英文名 Yellow-bellied Bush Warbler

体　长 10~11cm

保护现状 三有动物

无危

形态特征 体小的单褐色树莺。上体全褐色，但顶冠有时略沾棕色，腰有时多呈橄榄色；飞羽的棕色羽缘形成对比性的翼上纹理；眉纹白色或皮黄色，甚长于眼后。喉及上胸灰色，两侧略染黄色；两胁、尾下覆羽及腹中心皮黄白色。似体型较大的强脚树莺但色彩较淡，腹部多黄色，喉及上胸灰色较重，下腹部较白。比异色树莺体小，上体褐色较重，喉更偏灰。虹膜褐色；上喙色深，下喙粉红色；脚粉褐色。

生态习性 栖息于浓密灌丛和林下覆盖区及浓密竹林，夏季见于海拔 1500~4000m 的山地，冬季下至海拔 1000m。

分布范围 河南、陕西、甘肃南部、青海、云南西部、四川北部、重庆、贵州、湖北、湖南、安徽、江西、福建东北部、广东、广西、台湾。

黄腹树莺　摄影 / 王大勇

栗头树莺　摄影 / 李利伟

132. 栗头树莺

Cettia castaneocoronata

英文名　Chestnut-headed Tesia

体　长　8~10cm

保护现状　三有动物

无危

形态特征　立姿甚直、色彩艳丽的树莺。尾短。头及颈背栗色。上体绿色，下体黄色，眼上后方有一白点。幼鸟上体橄榄褐色，下体橙栗色。虹膜褐色；喙褐色，下喙基色浅；脚橄榄褐色。

生态习性　常于茂密潮湿森林中近溪流的林下覆盖处。沿树枝或圆木侧身移动。垂直迁移的鸟，通常夏季栖息于海拔 2000~4000m，冬季在 2000m 以下。

分布范围　西藏南部、云南西部、四川、重庆、贵州西北部、湖北、湖南、广西。

133. 红头长尾山雀

Aegithalos concinnus

英文名	Black-throated Tit
体长	9~12cm
保护现状	三有动物

LC 无危

形态特征 头顶栗红色；背蓝灰色；喉部中央具黑色斑块；胸带和两胁栗红色；翅和尾黑褐色。两性相似。幼鸟头顶色浅，喉白色，具狭窄的黑色项纹。虹膜黄色；喙黑色；脚橘黄色。

生态习性 喜栖息于针叶林、阔叶林和竹林灌丛间。常数十只结群活动。食物主要为昆虫。

分布范围 西藏南部和东南部、山东、河南南部、陕西南部、内蒙古中部、甘肃南部、云南、四川、重庆、贵州、湖北、湖南、安徽、江西、江苏、上海、浙江、福建、广东、香港、广西、台湾。

红头长尾山雀 摄影 / 张廷跃

134. 棕头雀鹛

Fulvetta ruficapilla

英文名 Spectacled Fulvetta

体　长 10~13cm

保护现状 三有动物

LC 无危

形态特征 中等体型的褐色雀鹛。顶冠棕色，并有黑色的边纹延至颈背；眉纹色浅而模糊，眼先暗黑色而与白色眼圈成对比；喉近白色而微具纵纹。下体余部酒红色，腹中心偏白色。上体灰褐色而渐变为腰部的偏红色。覆羽羽缘赤褐色，初级飞羽羽缘浅灰色呈浅色翼纹，尾褐色。虹膜褐色；上喙角质色，下喙色浅；脚偏粉色。

生态习性 栖息于常绿阔叶林、针阔混交林、针叶林、山坡灌丛中，结小群或与其他鸟类混群活动。

分布范围 陕西南部、甘肃南部、四川、重庆、湖北、云南、贵州西部和西南部。

棕头雀鹛　摄影 / 郭轩

棕头鸦雀　摄影 / 张卫民

135. 棕头鸦雀

Sinosuthora webbianus

英文名　Vinous-throated Parrotbill

体　长　11~13cm

保护现状　三有动物

无危

形态特征　体型纤小的粉褐色鸦雀。头顶至上背红棕色；下背和腰橄榄褐色；翅和尾暗褐色，翅的边缘渲染栗棕色；喉略具细纹；喉和胸粉红色或灰色；腹部淡黄褐色；眼圈不明显。两性相似。虹膜褐色；喙灰色或褐色，喙端色较浅；脚粉灰色。

生态习性　活泼而好结群，通常于林下植被及低矮树丛下活动。轻轻的“呸”声易引出此鸟。以动物性食物为主，也取食种子等植物性食物。

分布范围　除新疆、西藏、青海外，见于各省份。

136. 灰喉鸦雀

Sinosuthora alphonsiana

英文名 Ashy-throated Parrotbill

体　长 11~13cm

保护现状 三有动物

无危

形态特征 体小的灰褐色鸦雀。喙小，粉红色。与棕头鸦雀的区别在于头侧及颈褐灰色。喉及胸具不明显的灰色纵纹。虹膜褐色；喙粉红色；脚粉红色。

生态习性 活泼而好结群，通常于林下植被及低矮树丛。轻轻的“呸”声易引出此鸟。

分布范围 云南、四川、贵州。

灰喉鸦雀　摄影 / 张卫民

灰头鸦雀　摄影 / 郭轩

137. 灰头鸦雀

Psittiparus gularis

英文名　Grey-headed Parrotbill

体　长　16~18cm

保护现状　三有动物

无危

形态特征　体大的褐色鸦雀。主要特征为头灰色，头侧有黑色长条纹，喉中心黑色，下体余部白色。虹膜红褐色；喙橘黄色；脚灰色。

生态习性　栖息于海拔 450~1850m 低地森林的树冠层、林下植被、竹林及灌木丛。吵嚷成群。

分布范围　陕西南部、云南、四川、重庆、贵州、湖北、湖南、安徽、江西、江苏、上海、浙江、福建、广东、广西、海南。

138. 白领凤鹛

Parayuhina diademata

英文名　White-collared Yuhina.

体　长　16~18cm

保护现状　三有动物

无危

形态特征　体型较大的烟褐色凤鹛。前额和头顶冠羽暗褐色；后枕和眼后枕侧及眼眶白色；眼先、颊部和颏至上喉黑色；背和喉、胸及腹部两侧全为土褐色；飞羽黑色，初级飞羽端部外翈白色；次级飞羽羽轴近白色；尾羽深褐色，羽轴白色；腹部中央和尾下覆羽白色。两性相似。虹膜偏红色；喙近黑色；脚粉红色。

生态习性　成对或结小群吵嚷活动于海拔 1100~3600m 的灌丛，冬季下至海拔 800m。

分布范围　云南、广西西部、陕西南部、甘肃南部、四川、重庆、贵州、湖北、湖南西部。

白领凤鹛　摄影 / 张卫民

栗颈凤鹛　摄影 / 张卫民

139. 栗颈凤鹛

Staphida torqueola

英文名　Indochinese Yuhina

12~14cm

三有动物

无危

形态特征　头顶具灰色扇形羽冠；耳羽栗色；背、腰和尾上覆羽橄榄灰褐色，具白色羽干纹；尾与翅褐色，外侧尾羽具白端；下体浅灰色。虹膜褐色；喙红褐色，喙端色深；脚粉红色。

生态习性　栖息于沟谷雨林、常绿阔叶林和稀树灌木丛，非繁殖季节常结小群活动。

分布范围　陕西南部、云南东南部、四川、重庆、贵州、湖北、湖南、安徽、江西、上海、浙江、福建、广东、广西。

黑颏凤鹛　摄影 / 郭轩

140. 黑颏凤鹛

Yuhina nigrimenta

 Black-chinned Yuhina

体　长　9~11cm

 三有动物

无危

形态特征　通体偏灰色。前额至头顶冠羽黑色，具宽阔的灰色羽缘，形成鳞状斑纹；眼先黑色；眼圈黑褐色沾灰色；头侧和后颈部灰色；上体余部橄榄褐色；飞羽和尾羽深褐色；颏黑色；下体余部黄褐色。两性相似。虹膜褐色；上喙黑色，下喙红色；脚橘黄色。

生态习性　性活泼而喜结群，夏季多见于海拔 530~2300m 的山区森林、过伐林及次生灌丛的树冠层中，但冬季下至海拔 300m。有时与其他种类结成大群。以植物种子、花蜜和昆虫为食。

分布范围　西藏东南部、四川南部、贵州、湖北、湖南、福建、广东。

141. 红胁绣眼鸟

Zosterops erythropleurus

英文名 Chestnut-flanked White-eye

体　长 11~13cm

保护现状 国家二级保护野生动物

无危

形态特征 上体黄绿色，下体白色，两胁栗色（有时不显露），下颚色较淡，黄色的喉斑较小，头顶无黄色。虹膜红褐色；喙橄榄色；脚灰色。

生态习性 栖息于海拔 900m 以下的山丘和山脚平原地带的阔叶林及次生林。有时与暗绿绣眼鸟混群。

分布范围 除新疆、台湾外，见于各省份。

红胁绣眼鸟　摄影 / 张卫民

暗绿绣眼鸟　摄影 / 匡中帆

142. 暗绿绣眼鸟

Zosterops simplex

英文名	Swinhoe's White-eye
体　长	10~12cm
保护现状	三有动物

LC 无危

形态特征　体小的群栖性鸟。上体全为绿色，腹面近白色，额、颏、喉和尾下覆羽淡黄色。眼周具极明显的白圈，与其他鸟类很容易区别。虹膜浅褐色；喙灰色；脚偏灰。

生态习性　栖息于阔叶林、针阔叶混交林、竹林、次生林等，最高到海拔 2000m。性活泼而喧闹，于树顶觅食小型昆虫、小浆果及花蜜。常集群活动。

分布范围　辽宁、北京、天津、河北、山东、河南、山西、陕西、内蒙古、甘肃、云南、四川、重庆、贵州、湖北、湖南、安徽、江西、江苏、上海、浙江、福建、广东、香港、澳门、广西、海南、台湾。

143. 斑胸钩嘴鹛

Erythrogenys gravivox

英文名 Black-streaked Scimitar Babbler

体　长 21~25cm

保护现状 三有动物

无危

形态特征 头顶及颈背红褐色而具深橄榄褐色细纹；背、两翼及尾纯棕色；脸颊、两胁及尾下覆羽呈亮丽橙褐色；下体余部偏白色，胸具灰色点斑及纵纹。虹膜黄色至栗色；喙褐色；脚肉褐色。

生态习性 常隐于近地面的高草丛或稠密灌木丛，有时在树顶鸣叫。常结小群活动。

分布范围 河南西北部、山西南部、陕西南部、甘肃南部、四川、西藏、云南、重庆、贵州、湖北西南部。

斑胸钩嘴鹛　摄影 / 张海波

棕颈钩嘴鹛　摄影 / 张廷跃

144. 棕颈钩嘴鹛

Pomatorhinus ruficollis

英文名　Streak-breasted Scimitar Babbler

体　长　16~19cm

保护现状　三有动物

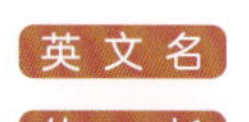
无危

形态特征　体型略小的褐色钩嘴鹛。头顶和背羽橄榄褐色，后颈和颈侧棕红色；具显著的白色眉纹；颏、喉至胸白色；胸部具橄榄褐色或棕栗红色与白色相间的纵纹，下体余部橄榄褐色以至棕褐色。两性相似。虹膜褐色；上喙黑色，下喙黄色；脚铅褐色。

生态习性　栖息于常绿阔叶林、竹林和次生灌木丛地带。结小群活动，鸣叫声优雅动听，清脆而富有韵律。杂食性。

分布范围　西藏东南部、云南、四川、河南南部、陕西南部、甘肃西部和东南部、重庆、贵州、湖北、湖南、江苏南部、上海、浙江、江西、福建、广东北部、广西北部、海南。

145. 红头穗鹛

Cyanoderma ruficeps

英文名　Rufous-capped Babbler

体　长　12~13cm

保护现状　三有动物

无危

形态特征　体型小的褐色穗鹛。前额、头顶至后枕呈棕红色或栗红色；背羽橄榄绿褐色；脸部淡黄色，伴有斑杂褐色；飞羽和尾羽表面绿褐色；颏、喉淡黄色，具纤细的黑色羽干纹；胸和腹部中央浅灰黄色；胁和尾下覆羽橄榄绿褐色。两性相似。虹膜红色；上喙近黑色，下喙较淡；脚棕绿色。

生态习性　栖息于亚热带地区的低山丘陵和平原，常见十余只结群或数十只结群，在林缘灌草丛中活动。觅食昆虫和种子、果实等。鸣声似“呼 - 呼 - 呼呼”。

分布范围　西藏东南部、河南、陕西南部、云南、四川、重庆、贵州、湖北、湖南、安徽、江西、浙江、福建、广东、广西、海南、台湾。

红头穗鹛　摄影 / 张廷跃

146. 褐胁雀鹛

Schoeniparus dubius

英文名 Rusth-capped Fulvetta

体　长 14~15cm

保护现状 三有动物

无危

形态特征 中等体型的褐色雀鹛。头顶棕褐色；眼先黑色；显眼的白色眉纹上有黑色的侧冠纹；上体橄榄褐色；翅和尾表面棕褐色；喉白色；下体余部浅皮黄色；两胁沾橄榄褐色。脸颊及耳羽有黑白色细纹。虹膜褐色；喙深褐色；脚粉色。

生态习性 栖息于常绿阔叶林、针阔混交林、稀树灌丛草坡、林缘耕地灌丛等生境中。多结群活动于林下灌丛中，亦常在地面腐殖土中刨食。

分布范围 云南、四川、重庆、贵州、湖北、湖南西部、广西。

褐胁雀鹛　摄影 / 张卫民

147. 灰眶雀鹛

Alcippe davidi

英文名　David's Fulvetta

体　长　12~14cm

保护现状　三有动物

LC 无危

形态特征 体型略大的喧闹而好奇的群栖型雀鹛。头顶、颈和上背褐灰色，头侧和颈侧灰色，具近白色眼圈和暗色侧冠纹；上体和翅、尾的表面橄榄褐色；喉灰色；下体余部淡皮黄色至赭黄色；两胁沾橄榄褐色。两性相似。虹膜红色；喙灰色；脚偏粉色。

生态习性 栖息于常绿阔叶林、针阔混交林、针叶林、稀树灌丛、竹丛和农田居民区等多种生境中。常几只成群，有时多达数十只活动。

分布范围 河南、陕西南部、甘肃东南部、云南、四川、重庆、贵州、湖北西部、湖南、江西、安徽、浙江、福建、广东东北部、澳门、广西、海南、台湾。

灰眶雀鹛　摄影 / 张廷跃

148. 画眉

Garrulax canorus

英文名 Chinese Hwamei

体　长 21~24cm

保护现状 国家二级保护野生动物　CITES附录II

近危

形态特征 体型略小的棕褐色鹛。头顶至后颈和背羽橄榄褐色，渲染棕黄色；翅和尾羽棕黄褐色；喉、胸和胁部及尾下覆羽棕黄色或皮黄色；前额、头顶至上背和喉至上胸具暗褐色羽干纹；腹部中央灰色；眼圈和眉纹白色，犹如娥眉状，故有“画眉”鸟之称。虹膜黄色；喙偏黄色；脚偏黄色。

生态习性 栖息于热带和亚热带地区的低山丘陵地带，在灌丛、草丛、竹林中活动觅食。以昆虫（主要是甲虫、鳞翅目幼虫）、野果、草子以及蚯蚓为食。

分布范围 河南南部、陕西南部、甘肃南部、云南、四川、重庆、贵州、湖北、湖南、安徽、江西、江苏、上海、浙江、福建、广东、香港、澳门、广西。

画眉　摄影 / 吴忠荣

灰翅噪鹛 摄影 / 吴忠荣

149. 灰翅噪鹛

Ianthocincla cineracea

英文名 Moustached Laughingthrush

体　长 21~24cm

保护现状 三有动物

无危

形态特征 体型略小且具醒目图纹的噪鹛。头顶、颈背、眼后纹、髭纹及颈侧细纹黑色；上体橄榄绿褐色或棕黄褐色；初级飞羽外缘烟灰色，内侧飞羽和尾羽具白色端斑与黑色髭纹；下体皮黄色。两性相似。虹膜乳白色；喙角质色；脚暗黄色。

生态习性 成对或结小群活动于亚热带低山丘陵地带的阔叶林、针阔混交林及稀树灌丛、竹丛等生境。杂食性。

分布范围 西藏东南部、陕西西南部、甘肃南部、云南西部和东南部、四川、重庆、贵州、湖北、湖南、安徽、江西、江苏、浙江、上海、福建、广东、广西。

150. 白颊噪鹛

Pterorhinus sannio

英文名 White-browed Laughingthrush

体　长 22~25cm

保护现状 三有动物

无危

形态特征 中等体型的灰褐色噪鹛。头顶栗红褐色；眼先、眉纹和颊部白色；背面纯棕褐色或橄榄褐色；腹部皮黄色；肛羽和尾下覆羽铁锈黄色。两性相似。皮黄白色的脸部图纹系眉纹及下颊纹为深色的眼后纹隔开所至。虹膜褐色；喙褐色；脚灰褐色。

生态习性 不惧人。栖息于次生灌木丛、竹丛及林缘空地。叫声嘈杂而响亮。杂食性。

分布范围 西藏东南部、陕西南部、甘肃南部、云南、四川、重庆、贵州、湖北、湖南、安徽、江西、浙江、福建、广东、广西、海南。

151. 矛纹草鹛

Pterorhinus lanceolatus

英文名 Chinese Babax

体　长 25~29cm

保护现状 三有动物

无危

形态特征 体型略大而多具纵纹的鹛。头顶暗栗红褐色，缘棕褐色；背羽满布显著的暗栗褐色与淡灰褐色相间的纵纹；翅和尾羽褐色；头侧淡棕黄白色，斑杂黑褐色；喉部两侧有显著的黑色颚纹；颏、喉至胸和腹部淡皮黄白色；胸和腹部两侧满布栗褐色和黑色相并的粗、细纵纹；尾下覆羽灰褐色，羽端淡黄褐色。虹膜黄色；喙黑色；脚粉褐色。

生态习性 甚吵嚷，栖息于开阔的山区森林及丘陵森林的灌木丛、棘丛及林下植被。结小群于地面活动和取食。性甚隐蔽，但喜停歇于突出处鸣叫。

分布范围 西藏东部、河南、陕西西南部、甘肃南部、云南、四川、重庆、贵州、湖北西部、湖南西部、江西、福建、广东北部、广西。

矛纹草鹛　摄影 / 吴忠荣

棕噪鹛　摄影 / 吴忠荣

中国特有种

152. 棕噪鹛

Pterorhinus berthemyi

英文名　Buffy Laughingthrush

体　长　27~29cm

保护现状　国家二级保护野生动物

无危

形态特征　体型略大的棕褐色噪鹛。眼周蓝色裸露皮肤明显。头、胸、背、两翼及尾橄榄栗褐色，顶冠略具黑色的鳞状斑纹。腹部及初级飞羽羽缘灰色，臀白色。虹膜褐色；喙偏黄色，喙基蓝色；脚蓝灰色。

生态习性　结小群栖息于丘陵及山区原始阔叶林的林下植被及竹林层。惧生，不喜开阔地区。

分布范围　四川东南部、贵州、湖北、湖南、安徽、江西、江苏、浙江、福建、广东北部。

153. 橙翅噪鹛

Trochalopteron elliotii

英文名　Elliot's Laughingthrush

体　长　26cm

保护现状　国家二级保护野生动物

无危

形态特征　中等体型的噪鹛。全身大致灰褐色，上背及胸羽具深色及偏白色羽缘而成鳞状斑纹。脸色较深。臀及下腹部黄褐色。初级飞羽基部的羽缘偏黄色、羽端蓝灰色而形成拢翼上的斑纹。尾羽灰色而端白色，羽外侧偏黄色。虹膜浅乳白色；喙和脚褐色。

生态习性　结小群于开阔次生林及灌丛的林下植被及竹丛中取食。

分布范围　西藏东部、青海东部、陕西南部、宁夏、甘肃、河南、云南西北部、四川、重庆、贵州、湖北、湖南南部、广西东北部。

橙翅噪鹛　摄影 / 郭轩

火尾希鹛　摄影 / 郭轩

154. 火尾希鹛

Minla ignotincta

英文名	Red-tailed Minla
体长	13~15cm
保护现状	三有动物

无危

形态特征　宽阔的白色眉纹与黑色的顶冠、颈背及宽眼纹成对比，尾缘及初级飞羽羽缘均红色。背橄榄灰色，两翼余部黑色而缘白色，尾中央黑色，下体白色而略沾奶色。雌鸟及幼鸟翼羽羽缘较淡，尾缘粉红色。虹膜灰色；喙灰色；脚灰色。

生态习性　群栖性，常见于山区阔叶林并加入“鸟浪”。以果实、昆虫等为食。

分布范围　西藏东南部、云南、四川、重庆、贵州、湖北、湖南南部、广西。

155. 蓝翅希鹛

Actinodura cyanouroptera

英文名 Blue-winged Minla

体　长 14~15cm

保护现状 三有动物

无危

形态特征 两翼、尾及头顶蓝色。上背、两胁及腰黄褐色，喉及腹部偏白色，脸颊偏灰色。眉纹及眼圈白色。尾甚细长而呈方形，从下看为白色具黑色羽缘。虹膜褐色；喙黑色；脚粉红色。

生态习性 性活泼，结小群活动于树冠的高低各层。

分布范围 西藏东南部、云南、四川、重庆、贵州、湖北、湖南南部、广东、广西西南部、海南。

蓝翅希鹛　摄影 / 张廷跃

156. 红嘴相思鸟

Leiothrix lutea

英文名 Red-billed Leiothrix

体　长 14~15cm

保护现状 国家二级保护野生动物　CITES附录II

无危

形态特征 通体色彩艳丽。前额和头顶橄榄绿褐色；背和肩羽灰绿色；喉部黄色，胸橙黄色；腹淡黄白色；翅和尾羽黑色，飞羽外缘黄色和红色，形成翅斑；尾端呈浅叉状，外侧尾羽最长而稍曲；尾上覆羽较长呈灰绿褐色，具白色端缘；尾下覆羽浅黄色。虹膜褐色；喙红色；脚粉红色。

生态习性 吵嚷成群栖息于次生林的林下植被。鸣声欢快、色彩华美及相互亲热的习性使其常被饲养为笼中宠物。休息时常紧靠一起相互舔整羽毛。

分布范围 西藏东南部、河南南部、陕西南部、甘肃南部、云南、四川、重庆、贵州、湖北、湖南、安徽南部、江西、上海、浙江、福建、广东、澳门、广西。

红嘴相思鸟　摄影 / 张卫民

黑头奇鹛 摄影 / 张卫民

157. 黑头奇鹛

Heterophasia desgodinsi

英文名 Dark-backed Sibia

体　长 20~24cm

保护现状 三有动物

无危

形态特征 头、尾及两翼黑色，上背沾褐色，顶冠有光泽。中央尾羽端灰色而外侧尾羽端白色。喉及下体中央部位白色，两胁烟灰色。虹膜褐色；喙黑色；脚灰色。

生态习性 栖息于海拔 1200m 以上的山区森林中。在苔藓和真菌覆盖的树枝上悄然移动，性甚隐秘且动作笨拙。

分布范围 陕西南部、云南、四川西南部、贵州、湖北、湖南、广西西部。

158. 普通䴓

Sitta europaea

英文名 Eurasian Nuthatc

体　长 11.7~14cm

保护现状 三有动物

无危

形态特征 上体灰蓝色；下体白色至肉桂棕色；头颈两侧有一道黑纹；尾下覆羽白色，具栗色羽缘。虹膜深褐色；喙黑色，下颚基部带粉色；脚深灰色。

生态习性 在树干的缝隙及树洞中啄食栎树籽及坚果。飞行起伏呈波状。偶尔于地面取食。成对或结小群活动。

分布范围 新疆北部和东部、黑龙江、内蒙古、吉林东部、辽宁南部、北京、天津、河北、山东、河南、山西、陕西南部、宁夏南部、甘肃西北部、云南东北部、四川、贵州、湖北、湖南、安徽、江西、江苏、浙江、福建、广东北部、广西、台湾。

普通䴓　摄影 / 吴忠荣

红翅旋壁雀 摄影 / 张卫民

159. 红翅旋壁雀

Tichodroma muraria

英文名 Wallcreeper

体　长 13~18cm

保护现状 三有动物

LC

无危

形态特征 体型略小的灰色鸟。尾短而喙长，翼具醒目的绯红色斑纹。繁殖期雄鸟脸及喉黑色，雌鸟黑色较少。非繁殖期成鸟喉偏白色，头顶及脸颊沾褐色。飞羽黑色，外侧尾羽羽端白色显著，初级飞羽两排白色点斑飞行时成带状。

生态习性 在岩崖峭壁上攀爬，两翼轻展显露红色翼斑。冬季下至较低海拔，甚至于建筑物上取食。

分布范围 辽宁、北京、天津、河北、山东、河南、山西、陕西、内蒙古、宁夏、甘肃、新疆、西藏、青海、云南、四川、重庆、贵州、湖北、安徽、江西、江苏、上海、福建、广东。

160. 褐河乌

Cinclus pallasii

英文名　Brown Dipper

体　长　18~22cm

保护现状　三有动物

无危

形态特征　通体暗棕褐色，尾较短。两性相似。有时眼上的白色小块斑明显。虹膜褐色；喙深褐色；脚深褐色。

生态习性　栖息于山谷溪流、河滩和沼泽地间，常单独活动或成对站立在溪流的岩石上，头、尾常不断地上下摆动。飞行迅速，但飞行距离较短，一般贴近水面，沿河直线飞行。

分布范围　除海南外，见于各省份。

褐河乌　摄影 / 张海波

161. 八哥

Acridotheres cristatellus

英文名 Crested Myna

体长 23~28cm

保护现状 三有动物

无危

形态特征 通体黑色；额基羽冠较短，翅上具白斑，飞行时尤为明显；尾下覆羽和外侧尾羽端缘白色。两性相似。喙基部呈红色或粉红色，尾端有狭窄的白色，尾下覆羽具黑色及白色横纹。虹膜橘黄色；喙浅黄色，喙基红色；脚暗黄色。

生态习性 栖息于丘陵或平原的林缘以及村寨附近耕地、林地间。性喜结群，常十余只或数十只结群，跟随于耕地的牛后啄食蚯蚓和各种昆虫，有时也见于牛背啄食其体外寄生虫。杂食性，以昆虫等动物性食物为主，也取食植物果实和种子。

分布范围 北京、山东、河南南部、陕西南部、甘肃南部、新疆南部、云南、四川、重庆、贵州、湖北、湖南、江西、江苏、上海、浙江、福建、广东、香港、澳门、广西、海南、台湾。

八哥　摄影 / 张廷跃

162. 丝光椋鸟

Spodiopsar sericeus

英文名 Red-billed Starling

体　长 20~23cm

保护现状 三有动物

无危

形态特征 通体灰色及黑白色。雄鸟头白色；上体深灰色，下体浅灰色；两翅和尾黑色，翅上具白斑。雌鸟头污灰白色；背灰褐色；下体浅灰褐色；翅上白斑较小。虹膜黑色；喙红色，喙端黑色；脚暗橘黄色。

生态习性 栖息于较开阔的平原、耕作区以及农田边和村落附近的针阔混交林、稀疏林中，3~5 只结小群活动。鸣声清脆响亮。以昆虫等动物性食物为主，亦食种子、果实等植物性食物。

分布范围 辽宁、北京、天津、河北、山东、河南南部、陕西南部、内蒙古中部、甘肃、云南南部、四川中部和东部、重庆、贵州、湖北、湖南、安徽南部、江西、江苏、上海、浙江、福建、广东、香港、澳门、广西、海南、台湾。

丝光椋鸟　摄影 / 张海波

灰椋鸟 | 摄影 / 郭轩

163. 灰椋鸟

Spodiopsar cineraceus

英文名 White-cheeked Starling

体长 19~23cm

保护现状 三有动物

无危

形态特征 体型中等，通体灰褐色。头部黑色，头侧具白色纵纹。腰部、臀部、外侧尾羽羽端和次级飞羽上的狭窄横纹均为白色。雌鸟体色浅而暗。虹膜偏红色；喙黄色，喙端黑色；跗跖暗橙色。

生态习性 喜原始林及次生植被。形成大群，与其他鸟类如山椒鸟等随意混群，在最高树木的顶层活动。

分布范围 见于各省份。

164. 虎斑地鸫

Zoothera aurea

英文名	White's Thrush
体　长	25~27cm
保护现状	三有动物

无危

形态特征 体大且具粗大的褐色鳞状斑纹的地鸫。上体羽橄榄黄褐色，满布皮黄色次端和黑色端斑及淡黄白色纤细羽干纹；下体近白色，亦具皮黄色次端和黑色端斑；胸部多皮黄色，黑斑较密集；飞羽内翈黑褐色，近中部有一道明显的淡棕白色翅斑，飞翔时可见。两性相似。虹膜褐色；喙深褐色；脚带粉色。

生态习性 栖息于茂密森林，在森林地面取食。冬季结小群。杂食性，主要以动物为食，尤嗜蚯蚓。

分布范围 见于各省份。

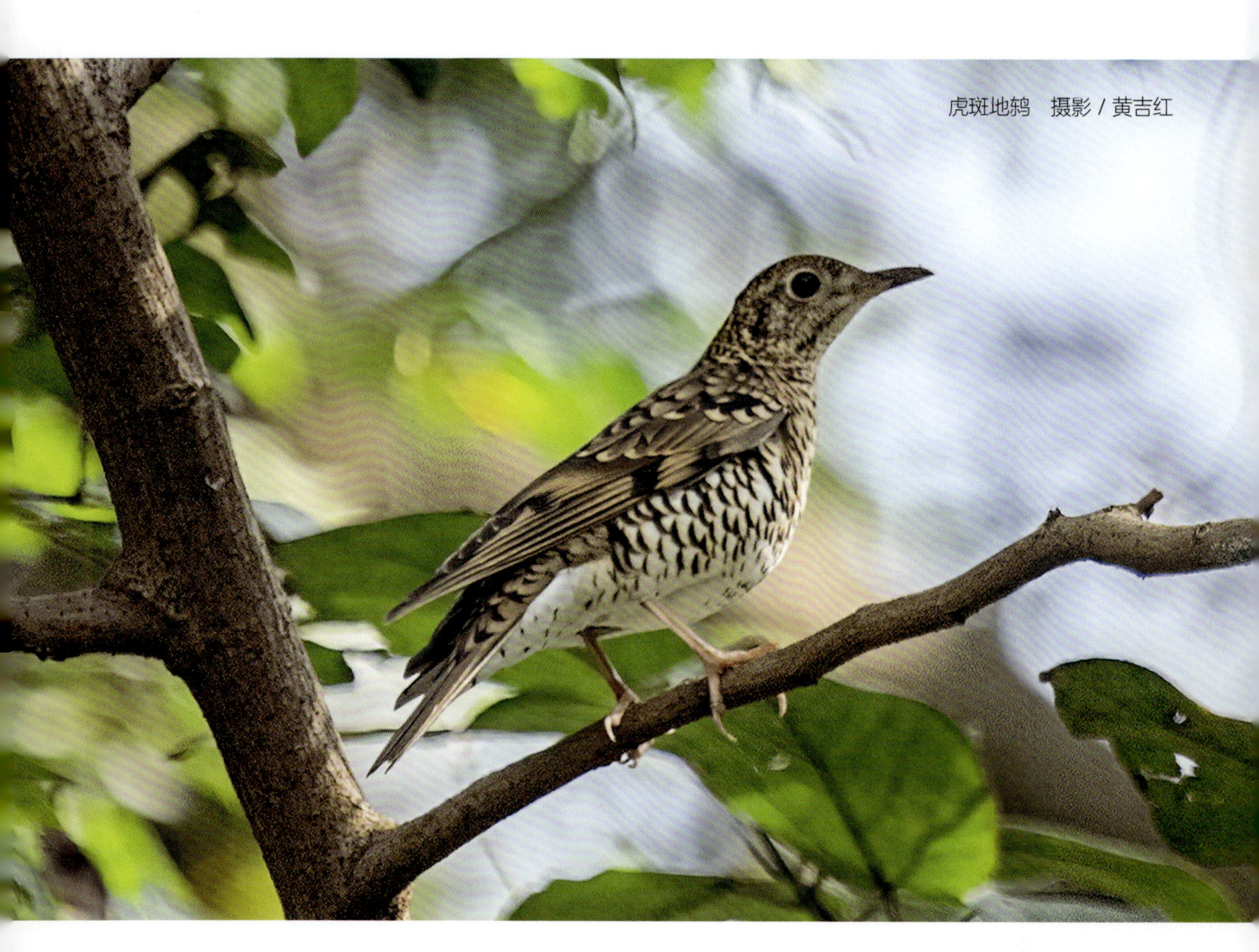

虎斑地鸫　摄影 / 黄吉红

灰翅鸫　摄影 / 郭轩

165. 灰翅鸫

Turdus boulboul

英文名　Grey-winged Blackbird

28~29cm

三有动物

无危

形态特征　体型略大的鸫。雄鸟似乌鸫，但宽阔的灰色翼纹与其余体羽成对比。腹部黑色具灰色鳞状纹，喙比乌鸫的橘黄色多，眼圈黄色。雌鸟全橄榄褐色，翼上具浅红褐色斑。虹膜褐色；喙橘黄色；脚暗褐色。

生态习性　栖息于海拔 3000m 以下的阔叶林及林下灌丛草地，于地面取食，静静地在树叶中翻找无脊椎动物、蠕虫，冬季也吃果实及浆果。

分布范围　北京、河南、陕西南部、宁夏南部、甘肃南部、西藏南部、云南东南部、四川、重庆、贵州、湖北、湖南、江西、浙江、广东、广西。

166. 乌鸫

Turdus mandarinus

英文名 Chinese Blackbird
体　长 28~29cm
保护现状 三有动物

无危

形态特征 雄鸟通体黑色，喙橙黄色，眼圈色略浅，跗跖黑色。雌鸟上体黑褐色，下体深褐色，喙暗绿黄色及黑色。虹膜及脚褐色。

生态习性 觅食于地面，在树叶中安静地翻找蠕虫等无脊椎动物，冬季也食浆果等。

分布范围 北京、河北、山东、河南、山西、陕西、内蒙古中部、甘肃南部、云南、四川、重庆、贵州、湖北、湖南、安徽、江西、江苏、上海、浙江、福建、广东、香港、澳门、广西、海南、台湾。

乌鸫　摄影 / 匡中帆

斑鸫　摄影 / 郭轩

167. 斑鸫

Turdus eunomus

英文名　Dusky Thrush
体　长　22~25cm
保护现状　三有动物

无危

形态特征　通体具有明显黑白型图案。具浅棕色翼下覆羽和棕色宽阔翼斑。雄鸟黑色的耳羽和斑与白色的腹部、眉纹以及臀部形成对比。下腹部黑色并具白色鳞状斑。雌鸟似雄鸟，体羽为暗淡的褐色和皮黄色，下胸黑点纹又较小，眉纹白色。虹膜褐色；上喙偏黑色，下喙偏黄色。

生态习性　栖息于开阔的多草地带及田野，穿梭觅食，也与其他鸫类混群。食物包括昆虫、植物、果实、种子等。冬季结大群。

分布范围　见于各省份。

168. 鹊鸲

Copsychus saularis

无危

鹊鸲（雄） 摄影 / 张海波

英文名 Oriental Magpie-Robin

体长 19~22cm

保护现状 三有动物

形态特征 中等体型的黑白色鸲。雄鸟上体亮黑色，翅上有显著的白色斑块；外侧尾羽大都白色；喉至上胸亮黑色；下体余部白色。雌鸟上体的黑色不如雄鸟辉亮而呈黑灰色；喉至上胸黑色；下体余部白色；喉至上胸灰色；余部与雄鸟相似。停栖时，尾羽常上翘成直角。亚成鸟似雌鸟但为杂斑。虹膜褐色；喙及脚黑色。

生态习性 栖息活动于居民点附近的树木上和竹林内，常在粪坑周围活动，觅食蝇蛆，亦见于平原农田和房前屋后的田圃及树林。多见单个或成对活动，觅食昆虫。鸣声响亮而动听，常作为观赏笼鸟。

分布范围 西藏东南部、河南南部、陕西南部、甘肃东南部、云南、四川、重庆、贵州、湖北、湖南、安徽、江西、江苏、上海、浙江、福建、广东、香港、澳门、广西、海南。

鹊鸲（雌） 摄影 / 张海波

乌鹟　摄影 / 郭轩

169. 乌鹟

Muscicapa sibirica

英文名　Dark-sided Flycatcher

体　长　12~14cm

保护现状　三有动物

无危

形态特征　体型略小的烟灰色鹟。成鸟乌灰褐色；眼圈白色；喉、胸和胁灰褐色，杂以白色纵纹，具明显的白色喉斑；腹部中央白色；翅形尖长，折合时覆盖尾长的 2/3 以上。两性相似。幼鸟上体乌褐色具皮黄色斑点；下体污白具暗褐色羽缘，呈斑杂状。虹膜深褐色；喙和脚黑色。

生态习性　栖息于山区或山麓森林的林下植被层及林间。喜立于裸露低枝，冲出捕捉过往昆虫。单个或 3~5 只结群活动、觅食。

分布范围　西藏东南部、青海南部、内蒙古、黑龙江、吉林、辽宁、北京、天津、河北、山东、山西、陕西、甘肃南部、云南、四川、贵州、湖南、江西、上海、浙江、福建、广东、香港、澳门、广西、海南、台湾。

北灰鹟　摄影 / 张卫民

170. 北灰鹟

Muscicapa dauurica

英文名　Asian Brown Flycacher

体　长　11~13cm

保护现状　三有动物

无危

形态特征　体型略小的灰褐色鹟。翅上覆羽、飞羽和尾羽暗褐色；大覆羽和内侧飞羽边缘淡棕色；眼圈白色；胸和两胁淡灰褐色；颏、喉和腹部及尾下覆羽白色。两性相似。胸部不具白色纵纹。背羽多灰色而少橄榄黄褐色。虹膜褐色；喙黑色，下喙基黄色；脚黑色。

生态习性　多栖息于山地树林间。常停留在树枝上，见有食物方才迅速飞下捕捉，然后再返回原枝上。

分布范围　见于各省份。

171. 白喉林鹟

Cyornis brunneatus

英 文 名 Brown-chested Jungle Flycatcher

体　　长 14~16cm

保护现状 国家二级保护野生动物

易危

形态特征 中等体型的偏褐色鹟，胸带浅褐色。颈近白色而略具深色鳞状斑纹，下颚色浅。亚成鸟上体皮黄色而具鳞状斑纹，下颚尖端黑色。看似翼短而喙长。虹膜褐色；喙上颚近黑色，下颚基部偏黄色；脚粉红色或黄色。

生态习性 栖息于高可至海拔 1100m 的林缘下层、茂密竹丛、次生林及人工林。

分布范围 河南、云南、贵州、湖北、湖南、安徽、江西、江苏、上海、浙江、福建、广东、香港、广西、台湾。

白喉林鹟　摄影 / 张卫民

棕腹大仙鹟（雌） 摄影 / 王进

172. 棕腹大仙鹟

无危

Niltava davidi

棕腹大仙鹟（雄） 摄影 / 王进

英文名 Fujian Niltava

体　长 16~19cm

保护现状 国家二级保护野生动物

形态特征 中等体型、色彩亮丽的鹟。雄鸟上体深蓝色；下体棕色；脸黑，额、颈侧小块斑、翼角及腰部亮丽闪辉蓝色。与棕腹仙鹟相比，色彩较暗，头顶亮蓝色范围较小，肩部亮蓝色，斑块不明显。雌鸟灰褐色，尾及两翼棕褐色，喉上具白色项纹，颈侧具辉蓝色小块斑。与棕腹仙鹟的区别在腹部较白。

生态习性 常栖息于中低海拔的山地常绿阔叶林、落叶阔叶林，有时亦到次生林或林缘灌丛。单独或成对活动。主要在林中层和灌木丛活动，少至树冠层和地面。常在树枝上觅食，见有昆虫飞过立即飞往捕食。

分布范围 陕西南部、云南、四川、重庆、贵州北部、湖北、江西、上海、浙江、福建西北部、广东、香港、澳门、广西、海南、台湾。

173. 棕腹仙鹟

Niltava sundara

英文名 Rufous-bellied Niltava

体　长 13~16cm

保护现状 三有动物

无危

形态特征 中等体型而头大的鹟。雄鸟的前额、头顶至后枕均呈亮钴蓝色；腰至尾上覆羽、翅上小覆羽和颈侧的钴蓝色块斑较辉亮；上体余部的深蓝色较暗浓；胸、腹部的橙棕色较辉亮；尾下覆羽和腋羽的橙棕色与腹部相似。雌鸟上体羽的橄榄褐色较鲜亮，而多显绿色；尾上覆羽和尾羽多棕红色；喉、胸和胁部赭褐色稍淡；下腹部多灰褐色。虹膜褐色；喙黑色；脚灰色。

生态习性 栖息于热带、亚热带山地常绿或落叶阔叶林中的较阴暗处。觅食昆虫及果实。

分布范围 西藏南部、陕西南部、甘肃东南部、云南、四川、重庆、贵州、湖北西部、湖南、江西、广东、广西、台湾。

棕腹仙鹟　摄影 / 郭轩

铜蓝鹟　摄影 / 郭轩

174. 铜蓝鹟

Eumyias thalassinus

英文名	Verditer Flycatcher
体长	14~17cm
保护现状	三有动物

无危

形态特征 体型略大、全身绿蓝色的鹟。雄鸟眼先黑色；雌鸟色暗，眼先暗黑色。尾下覆羽具偏白色鳞状斑纹。亚成鸟灰褐色沾绿色，具皮黄色及近黑色的鳞状纹及斑点。与雄性纯蓝仙鹟的区别在于喙较短，绿色较浓，蓝灰色的臀具偏白色的鳞状斑纹。虹膜褐色；喙黑色；脚近黑色。

生态习性 栖息于热带和亚热带山地阔叶林、针叶林、针阔混交林和灌丛地带。常见单个或成对活动。主要觅食昆虫。

分布范围 北京、山东、陕西、西藏南部、云南、四川、重庆、贵州、湖北、湖南、江西、上海、浙江、福建、广东、香港、澳门、广西、台湾。

175. 红胁蓝尾鸲

Tarsiger cyanurus

英文名 Orange-flanked Bush-robin

体长 12~14cm

保护现状 三有动物

无危

形态特征 体型略小而喉白的鸲。下体污白色，胁部橙红黄色；尾部蓝色。雄鸟上体蓝色或褐色而渲染蓝灰色，眉纹白色；雌鸟上体褐色，仅尾上覆羽和尾羽有蓝色。虹膜褐色；喙黑色；脚灰色。

生态习性 栖息于湿润山地森林及次生林的林下低处。主要以昆虫为食。

分布范围 除西藏外，见于各省份。

红胁蓝尾鸲（雄） 摄影 / 张廷跃

小燕尾 摄影 / 张卫民

176. 小燕尾

Enicurus scouleri

英文名 Little Forktail

体长 12~14cm

保护现状 三有动物

LC 无危

形态特征 额、头顶前部、背的中部和尾上覆羽白色；上体其余部分深黑色；两翼黑褐色，大覆羽先端和飞羽基部白色，形成一道宽阔的白色翼斑；内侧飞羽的外缘白色中央尾羽黑色而基部白色；外侧尾羽的白色逐渐扩大，至最外侧尾羽几乎为纯白色；颏、喉和上胸黑色，下体其余部分白色，两胁略带黑褐色。虹膜褐色；喙黑色；脚肉色。

生态习性 栖息于山涧溪边，多成对活动。尾部有节奏地上下摆动或散开。食物主要为昆虫。

分布范围 陕西南部、甘肃南部、西藏南部、云南、四川、重庆、贵州、湖北、湖南、江西、浙江、福建、广东、香港、台湾。

177. 灰背燕尾

Enicurus schistaceus

英文名 Slaty-backed Forktail

体长 22~25cm

保护现状 三有动物

无危

形态特征 前额白色；头顶至背和肩呈蓝灰色；腰至尾上覆羽为白色；翅黑褐色，具白色翅斑；颏、喉部黑色。下体余部白色；中央尾羽大部黑色，基部和羽端白色；外侧尾羽纯白色。两性相似。虹膜褐色；喙黑色；脚粉红色。

生态习性 栖息于山间溪流和河流边缘的灌木、石头上。常在浅水滩的石头缝隙间觅食水生昆虫及螺类等小动物。

分布范围 陕西、云南、四川、贵州、湖北、湖南、江西、浙江、福建、广东、香港、广西、海南。

灰背燕尾　摄影 / 张卫民

白额燕尾　摄影 / 李毅

178. 白额燕尾

Enicurus leschenaulti

英文名　White-crowned Forktail

体　长　25~28cm

保护现状　三有动物

无危

形态特征　前额至头顶白色；头顶的羽毛较长呈冠状；头顶后部至背和肩羽及头、颈两侧和颏、喉至胸部纯黑色；腰至尾上覆羽和下体余部纯白色；翅黑褐色，具大型白色翅斑；尾羽除外侧两对纯白色外，其余尾羽大部黑褐色，羽基和羽端白色。虹膜褐色；喙黑色；脚偏粉红色。

生态习性　性活跃好动，喜多岩石的湍急溪流及河流。停栖于岩石或在水边行走，寻找食物并不停地展开叉形长尾。飞行近地面并上下起状，边飞边叫。食物以水生昆虫为主。

分布范围　西藏东南部、河南南部、山西、陕西南部、内蒙古中部、宁夏、甘肃南部、云南、四川、重庆、贵州、湖北、湖南、安徽、江西、江苏、上海、浙江、福建、广东、广西、海南。

179. 斑背燕尾

Enicurus maculatus

英文名 Spotted Forktail

体　长 25~26cm

保护现状 三有动物

无危

形态特征 体大的黑白燕尾。前额至头顶前部白色；头顶至后枕、头侧和颏、喉至胸纯黑色；后颈白色，羽端狭缘黑色，呈鳞斑状；背部和肩羽黑色，羽端具白色点斑；余部与白额燕尾相似。两性相似。虹膜褐色；喙黑色；脚粉白色。

生态习性 栖息于山林间近河流及溪流边缘处，多见成对在水流中的石头上活动觅食。食物以昆虫为主，兼食少量植物性食物。

分布范围 西藏南部和西部、云南、四川中部、重庆、贵州、湖北、湖南、广西、江西、浙江、福建、广东。

斑背燕尾　摄影 / 张廷跃

紫啸鸫　摄影 / 李毅

180. 紫啸鸫

Myophonus caeruleus

英文名　Blue Whistling Thrush

体　长　29~35cm

保护现状　三有动物

LC

无危

形态特征　通体深蓝紫色，并具有蓝色闪亮斑点。翼及尾沾紫色闪辉，头及颈部的羽尖具闪光小羽片。指名亚种喙黑色；中覆羽羽尖白色。虹膜褐色；喙黄色或黑色；脚黑色。

生态习性　栖息于临河流、溪流或密林中的多岩石露出处。地面取食，受惊时慌忙逃至覆盖物下并发出尖厉的警叫声。觅食昆虫和小动物，有时也到厕所内取食蝇蛆。

分布范围　新疆、西藏、北京、河北、山东、河南、山西、陕西、内蒙古东部、宁夏、甘肃、云南、四川、贵州、湖北、湖南、安徽、江西、江苏、上海、浙江、福建、广东、广西、香港、澳门。

181. 白眉姬鹟

LC

无危

Ficedula zanthopygia

英文名 Yellow-rumped Flycatcher

体长 12~14cm

保护现状 三有动物

白眉姬鹟（雌） 摄影 / 匡中帆

形态特征 雄鸟腰、喉、胸及上腹黄色，下腹、尾下覆羽白色，其余黑色，仅眉线及翼斑白色。雌鸟上体暗褐色，下体色较淡，腰暗黄色。雄鸟白色眉纹和黑色背部及雌鸟的黄色腰各有别于黄眉姬鹟的雄雌两性。虹膜褐色；喙黑色；脚黑色。

生态习性 喜海拔 1000m 以下的灌木丛及近水林地。

分布范围 除宁夏、新疆、西藏外，见于各省份。

白眉姬鹟（雄） 摄影 / 匡中帆

红喉姬鹟 摄影 / 张卫民

182. 红喉姬鹟

Ficedula albicilla

 英文名 Taiga Flycatcher

 体长 12~14cm

保护现状 三有动物

LC 无危

形态特征 体型小的褐色鹟。上体灰褐色；翅暗褐色，外缘淡棕褐色；尾上覆羽和中央尾羽黑色；外侧尾羽基部白色，端部黑褐色。下体污白色；胸淡灰褐色；雄鸟喉部橙黄色，雌鸟喉部白色。虹膜深褐色；喙黑色；脚黑色。

生态习性 栖息于林缘及河流两岸的较小树上。有险情时冲至隐蔽处。尾展开显露基部的白色并发出粗哑的咯咯声。以昆虫为食。

分布范围 见于各省份。

183. 灰蓝姬鹟

Ficedula tricolor

英文名 Slaty-blue Flycatcher

体　长 10~13cm

保护现状 三有动物

LC

无危

形态特征 体小的青石蓝色鹟。雄鸟上体蓝灰色，额、头顶两侧灰蓝色较亮，眼先及头侧黑色；两翼黑褐色；尾羽黑色，外侧尾羽基部白色；下体棕白色；胸和两胁暗灰沾黄色。雌鸟上体橄榄褐色，腰和尾上覆羽转棕色，两翅黑褐色；覆羽及飞羽外翈具红棕色边缘；尾羽棕褐色，眼眶有不明显的暗黄色圈；颏和喉淡灰棕色，颈部近白色；胸棕色略深，腹淡棕近白色；尾下覆羽淡棕黄色，两胁棕色。虹膜褐色；喙黑色；脚黑色。

生态习性 栖息于海拔1500~3000m的山地常绿阔叶林、针阔叶混交林、竹林和灌丛等，冬季有时下至低山丘陵和山脚平原的次生林、灌丛、草丛。单独或成对活动，非繁殖期有时集小群。喜在林下灌丛和地面活动，偶至林中层。停歇时常将尾上翘至背部。在枝头发现昆虫后快速飞至空中捕捉。

分布范围 西藏东南部、青海、陕西南部、内蒙古东北部、宁夏南部、甘肃南部、云南、四川、重庆、贵州、湖北、湖南、广西。

灰蓝姬鹟　摄影 / 郭轩

赭红尾鸲（雄） 摄影 / 韦铭

184. 赭红尾鸲

Phoenicurus ochruros

英文名 Black Redstart

体　长 14~15cm

保护现状 三有动物

无危

形态特征 中等体型。头部、喉部、胸部上方、背部、两翼、中央尾羽为黑色，顶冠和枕部灰色，胸部下方、腹部、尾下覆羽、腰部和外侧尾羽棕色。雌鸟无翼斑。虹膜褐色；喙污黄色；脚暗黄色。

生态习性 见于不同海拔高度的开阔地区，常在家舍周围、庭院和农田中活动。单独或结小群。领域性强，从停歇处飞出捕食。常点头摆尾。

分布范围 北京、河北、山东、山西、陕西、内蒙古、宁夏、甘肃、西藏、青海、云南西部、四川、重庆、贵州、湖北、湖南、上海、浙江、广东、香港、海南、台湾。

185. 北红尾鸲

无危

Phoenicurus auroreus

北红尾鸲（雌） 摄影 / 张廷跃

英文名 Daurian Redstart

体　长 13~15cm

保护现状 三有动物

形态特征 中等体型而色彩艳丽的红尾鸲。雄鸟头顶至上背石板灰色；头侧和颏、喉、背和肩羽及两翅黑色；翅上内侧飞羽具白色块斑；腰至尾上覆羽棕黄色；中央尾羽黑褐色；外侧尾羽棕黄色；下体余部棕黄色。雌鸟头顶、后颈至背和肩羽暗橄榄褐色；翅黑褐色；外缘橄榄褐色；内侧飞羽亦具白色块斑；头颈两侧和胸部橄榄褐色；颏、喉近白色沾橄榄褐色；腹淡皮黄色；尾羽与雄鸟相似。虹膜褐色；喙黑色；脚黑色。

生态习性 栖息于林缘灌木、草丛及田园耕作地边缘和居民点附近的林木上。常见单个或成对活动。以昆虫及杂草种子和野果为食。

分布范围 除新疆外，见于各省份。

北红尾鸲（雄） 摄影 / 张卫民

蓝额红尾鸲　摄影 / 张卫民

186. 蓝额红尾鸲

Phoenicuropsis frontalis

英文名　Blue-fronted Redstart

体　长　15~16cm

保护现状　三有动物

无危

形态特征　中等体型而色彩艳丽的红尾鸲。尾部具特殊的“T”形黑色图纹（雌鸟褐色），系由中央尾羽端部及其他尾羽的羽端与亮棕色成对比而成。雄鸟头、胸、颈背及上背深蓝色，额及形短的眉纹钴蓝色；两翼黑褐色，羽缘褐色及皮黄色，无翼上白斑；腹部、臀、背及尾上覆羽橙褐色。雌鸟褐色，眼圈皮黄色。虹膜褐色；喙及脚黑色。

生态习性　一般多单独活动，迁徙时结小群。从栖处猛扑昆虫。尾上下抽动而不颤动。甚不怯生。

分布范围　山东、陕西南部、内蒙古西部、宁夏、甘肃、西藏、青海南部和东部、云南、四川、重庆、贵州、湖北、湖南、浙江、广东。

187. 红尾水鸲

无危

Phoenicurus fuliginosus

红尾水鸲（雌） 摄影 / 张海波

英 文 名 Plumbeous Water Redstart

体　　长 12~14cm

保护现状 三有动物

形态特征 体小的雄雌异色水鸲。雄鸟体羽大都深灰蓝色；翅黑褐色；尾羽及尾上、尾下覆羽栗红色；雌鸟上体灰褐色沾橄榄色；翅黑褐色；大、中覆羽端部有白点，形成两道白色斑点；腰和尾上、尾下覆羽白色；尾羽暗褐色，外侧尾羽羽基大都白色；下体灰白色，羽基和羽缘深灰色，成鳞状斑纹。具明显的不停弹尾动作。幼鸟灰色上体具白色点斑。虹膜深褐色；喙黑色；脚褐色。

生态习性 单独或成对。几乎总是栖息于多砾石的溪流及河流两旁，或停栖于水中砾石。尾常摆动。在岩石间快速移动。炫耀时停在空中振翼，尾扇开，作螺旋形飞回栖处。领域性强，但常与河乌、溪鸲或燕尾混群。主要觅食水生昆虫。

分布范围 除黑龙江、吉林、辽宁、新疆外，见于各省份。

红尾水鸲（雄） 摄影 / 张卫民

白顶溪鸲　摄影 / 吴忠荣

188. 白顶溪鸲

Phoenicurus leucocephalus

英文名　White-capped Water-redstart

体　长　18~19cm

保护现状　三有动物

无危

形态特征　较小的黑色及栗色溪鸲。头顶白色，头侧黑色；后颈至背和喉至胸部及翅上覆羽亮蓝黑色；飞羽黑褐色；其余体羽栗红色；尾羽具黑色羽斑。雄雌同色。亚成鸟色暗而近褐色，头顶具黑色鳞状斑纹。虹膜褐色；喙及脚黑色。

生态习性　常立于水中或于近水的突出岩石上，降落时不停地点头且具黑色羽梢的尾不停抽动。求偶时做出摆晃头部的奇特炫耀姿态。

分布范围　北京、河北西部、山东、河南、山西、陕西南部、内蒙古西部、宁夏、甘肃、新疆西南部、西藏南部、青海、云南、四川、重庆、贵州、湖北、湖南、安徽、江西、浙江、广东、广西、海南。

189. 蓝矶鸫

Monticola solitarius

英文名　Blue Rock Thrush

体　长　20~23cm

保护现状　三有动物

无危

形态特征　中等体型的青石灰色矶鸫。雄鸟上体蓝色；两翅和尾羽黑褐色，外缘蓝色；亚种 *pandoo* 下体全呈铅灰蓝色；亚种 *philippensis* 喉部蓝色，下体余部栗红色。雌鸟上体蓝色，下体淡棕黄色或白色，羽基和端缘黑色，形成鳞斑状花纹。亚成鸟似雌鸟但上体具黑白色鳞状斑纹。虹膜褐色，喙及脚黑色。

生态习性　常栖息于突出位置，如岩石、房屋柱子及死树，冲向地面捕捉昆虫。常见单个活动。

分布范围　见于各省份。

蓝矶鸫　摄影 / 张廷跃

栗腹矶鸫（雌） 摄影 / 张廷跃

190. 栗腹矶鸫

无危

Monticola rufiventris

英 文 名 Chestnut-bellied Rock Thrush

体 长 21~25cm

保护现状 三有动物

栗腹矶鸫（雄） 摄影 / 张卫民

形态特征 雄鸟全身近黑色，仅尾基部具白色闪辉，前额钴蓝色，喉及胸深蓝色，颈侧及胸部的白色点斑常隐而不露。雌鸟褐色，喉基部具偏白色横带，尾具白色闪辉同雄鸟。亚成鸟似雌鸟但多具棕色纵纹。虹膜褐色；喙及脚黑色。

生态习性 常立于高树顶上，偶尔会在电线上。食物主要为昆虫。

分布范围 西藏南部、云南、四川、重庆、贵州、湖北、湖南、安徽、江西、江苏、上海、浙江、福建、广东、香港、广西、海南。

191. 黑喉石䳭

Saxicola maurus

英文名 Siberian Stonechat

体　长 13~15cm

保护现状 三有动物

无危

形态特征 中等体型的黑色、白色及赤褐色䳭，雄鸟头部、背面和颏、喉黑色；颈侧和肩部具白斑；胸、腹部及尾下覆羽棕色。雌鸟头部和背面棕褐色，斑杂黑褐色纵纹；颏、喉淡棕白色；胸、腹部及尾下覆羽棕色。虹膜深褐色；喙黑色；脚近黑色。

生态习性 栖息于低山开阔丛或平地疏林间，也可在居民区或其他生境中出现，选择生境多样。常见于田间灌丛、矮树或电线上。以昆虫为主要食物。

分布范围 见于各省份。

黑喉石䳭（雄） 摄影 / 张卫民

192. 灰林鵖

Saxicola ferreus

英文名 Grey Bushchat

体　长 14~16cm

保护现状 三有动物

无危

形态特征 中等体型的偏灰色鵖。雄鸟上体暗灰色，具黑色纵纹；眉纹白色；脸部黑色；翅和尾羽黑褐色；翅上最内侧覆羽白色；颏、喉白色；胸和腹部灰白色。雌鸟上体棕褐色；翅和尾羽黑褐色；颏、喉白色；胸和腹部至尾下覆羽淡灰棕褐色。幼鸟似雌鸟，但下体褐色具鳞状斑纹。虹膜深褐色；喙灰色；脚黑色。

生态习性 栖息于山地林缘灌丛及开阔河谷区、田坝区的灌木草丛地带，在同一地点长时间停栖。尾摆动。在地面或于飞行中捕捉昆虫。

分布范围 西藏南部、北京、陕西南部、内蒙古中部、甘肃东南部、云南、四川、重庆、贵州、湖北、湖南、安徽、江西、江苏、上海、浙江、福建、广东、香港、广西、海南、台湾。

灰林鵖（雄） 摄影 / 张卫民

193. 戴菊

Regulus regulus

英文名　Goldcrest

体　长　9~10cm

保护现状　三有动物

无危

形态特征　体型娇小而色彩明快的偏绿色似柳莺的鸟。翅上有 2 道淡黄色翅斑；雄鸟头顶中央橙黄色，侧冠纹黑色；上体橄榄绿色；上背沾灰色；腰羽浅淡沾黄色；初级飞羽基部具黑斑；下体淡灰茶黄色；胁染橄榄色。雌鸟与雄鸟相似，但头顶中央呈黄色。虹膜深褐色；喙黑色；脚偏褐色。

生态习性　栖息于温带和亚热带山地森林，3~5 只结群在树冠顶部的枝叶丛中活动。觅食昆虫。

分布范围　新疆、西藏、青海、黑龙江东部和南部、吉林、辽宁、北京、天津、河北、山东、河南、山西、陕西、内蒙古东部、宁夏、甘肃、四川、重庆、云南西部、贵州、湖北、湖南、安徽、江西、江苏、上海、浙江、福建、台湾。

戴菊　摄影 / 韦铭

194. 纯色啄花鸟

Dicaeum minullum

英文名 Plain Flowerpecker

体长 7.5~9cm

保护现状 三有动物

无危

形态特征 上体橄榄绿色；下体偏浅灰色，腹部中央乳白色，翼角具白色羽束。虹膜褐色，喙黑色，跗跖深蓝灰色。

生态习性 栖息于丘陵森林、次生林和农耕地。喜食桑寄生植物花蜜。

分布范围 云南、四川中部和东部、重庆、贵州、湖南南部、江西东北部、福建、广东西部、香港、广西。

纯色啄花鸟 摄影 / 张卫民

红胸啄花鸟（雄） 摄影 / 张卫民

195. 红胸啄花鸟

无危

Dicaeum ignipectus

红胸啄花鸟（雌） 摄影 / 匡中帆

英 文 名 Fire-breasted Flowerpecker

体　　长 7~9cm

保护现状 三有动物

形态特征 体型纤小的深色啄花鸟。雄鸟上体包括尾上覆羽呈辉亮的金属绿蓝色；两翅及尾黑褐色，翼上覆羽及飞羽外缘绿蓝辉色，中央尾羽沾蓝辉色；眼先、颊、耳羽及颈侧均为黑色；下体皮黄色，胸具猩红色的块斑，一道狭窄的黑色纵纹沿腹部而下。雌鸟下体赭皮黄色。虹膜褐色；喙和脚黑色。

生态习性 栖息于山地林、次生植被及耕作区。喜寄生槲类植物。

分布范围 河南、陕西南部、甘肃、西藏南部、云南、四川、贵州南部、湖北、湖南、江西、浙江南部、福建、广东、香港、澳门、广西、海南、台湾。

196. 蓝喉太阳鸟

无危

Aethopyga gouldiae

英文名 Mrs. Gould's Sunbird

体　长 14~15cm

保护现状 三有动物

蓝喉太阳鸟（雌）　摄影 / 匡中帆

形态特征 雄鸟头和喉辉紫蓝色，背呈暗红色；腰和腹部黄色；胸部或与背同为红色，或与腹部同为黄色，或黄色染以红色；蓝色尾有延长。雌鸟上体橄榄色；下体绿黄色，颏及喉烟橄榄色。虹膜褐色；喙黑色；脚褐色。

生态习性 栖息于高山阔叶林、沟谷林、稀树灌丛以至河边和公路边的乔木树丛和竹丛中。常见单个或成对活动觅食，也有成小群活动。

分布范围 西藏东南部、河南、陕西南部、甘肃东南部、云南、四川、重庆、贵州、湖北西部、湖南西部、广东、香港、广西。

蓝喉太阳鸟（雄）　摄影 / 李毅

叉尾太阳鸟（雄） 摄影 / 张卫民

197. 叉尾太阳鸟

无危

Aethopyga christinae

英文名 Fork-tailed Sunbird

体　长 9~11cm

保护现状 三有动物

叉尾太阳鸟（雌） 摄影 / 匡中帆

形态特征 体小而纤弱的太阳鸟。头顶闪绿彩，头侧黑色而具闪辉绿色的髭纹和绛紫色的喉斑；上体灰黑色或暗橄榄黄色；腰鲜黄色；尾金属绿色；中央尾羽羽轴先端延长呈针状；喉、胸赭红色或褐红色；腹部灰黄色。雌鸟甚小，上体橄榄色，下体浅绿黄色。虹膜褐色；喙黑色；脚黑色。

生态习性 栖息于森林及有林地区甚至城镇。常光顾开花的矮丛及树木。

分布范围 河南、云南南部、四川、重庆、贵州、湖北西北部、湖南、江西东北部、浙江、福建、广东、香港、澳门、广西、海南。

198. 白腰文鸟

Lonchura striata

英文名 White-rumped Munia

体　长 10~12cm

保护现状 三有动物

LC

无危

形态特征 头颈、上背及喉和胸为暗栗黑褐色，具淡棕白色纤细斑纹；腰白色；尾黑色；腹部淡灰白色。两性相似。亚成鸟色较淡，腰皮黄色。虹膜褐色；喙灰色；脚灰色。

生态习性 栖息于田坝区和丘陵、低山地带的林缘灌木草丛。性喧闹吵嚷，结小群生活。习性似其他文鸟。觅食草籽、谷物和昆虫。

分布范围 西藏东南部、山东、河南、陕西南部、甘肃南部、云南、四川、重庆、贵州、湖北、湖南、安徽、江西、江苏、上海、浙江、福建、广东、香港、澳门、广西、海南、台湾。

白腰文鸟　摄影 / 张廷跃

199. 山麻雀

无危

Passer cinnamomeus

山麻雀（雌） 摄影 / 匡中帆

英文名 Russet Sparrow
体　长 12~14cm
保护现状 三有动物

形态特征 中等体型的艳丽麻雀。雄鸟上体较栗红色；耳羽无黑色斑块；眉纹不显著。雌鸟上体呈深褐色；喉无黑色斑块；眉纹显著。雄雌异色。虹膜褐色；雄鸟喙灰色，雌鸟黄色而喙端色深；脚粉褐色。

生态习性 结群栖息于高地的开阔林、林地或近耕地的灌木丛。主要以植物种子为食。

分布范围 西藏南部和东南部、云南、四川、重庆、贵州、北京、天津、河北、山东、河南、山西、陕西、宁夏、甘肃、青海东部、湖北、湖南、安徽、江西、江苏、上海、浙江、福建、广东、香港、广西、台湾。

山麻雀（雄） 摄影 / 张卫民

麻雀　摄影 / 张廷跃

200. 麻雀

Passer montanus

英文名　Eurasian Tree Sparrow

体　长　12~15cm

保护现状　三有动物

无危

形态特征　体型略小的矮圆而活跃的麻雀。前额、头顶至后颈纯肝褐色；上体沙棕褐色；背杂有黑色条纹；耳羽有黑色斑块，颏、喉黑色；脸颊具明显黑色斑点且喉部黑色较少。两性相似。幼鸟似成鸟但色较暗淡，喙基黄色。虹膜深褐色；喙黑色；脚粉褐色。

生态习性　栖息于有稀疏树木的地区、村庄及农田。常群集于田间啄食种芽和谷粒，在繁殖期吃一部分昆虫。营巢地点大都选定在建筑物场所里，如房舍、庙宇、城市等。

分布范围　见于各省份。

201. 山鹡鸰

Dendronanthus indicus

英文名 Forest Wagtail

体　长 16~18cm

保护现状 三有动物

无危

形态特征 中等体型的褐色及黑白色鹡鸰。上体橄榄绿褐色；眉纹白色；飞羽黑色；翅上覆羽具宽阔淡黄白色羽端；尾呈凹尾形。下体白色，胸上具两道黑色的横斑纹，较下的一道横纹有时不完整。虹膜灰色；喙角质褐色，下喙较淡；脚偏粉色。

生态习性 单独或成对在开阔森林地面穿行。尾轻轻往两侧摆动。受惊时作波状低飞仅至前方几米处停下，也停栖在树上。

分布范围 除西藏、新疆外，见于各省份。

山鹡鸰　摄影 / 张卫民

202. 树鹨

Anthus hodgsoni

英文名 Olive-backed Pipit

体　长 15~17cm

保护现状 三有动物

无危

形态特征 中等体型的橄榄色鹨。上体橄榄绿褐色，满布暗褐色纵纹；具显著的白色眉纹；翅上具两道棕黄色翅斑；下体白色，胸和两胁沾棕黄色，并具显著的黑色纵纹；最外侧 1 对尾羽大都白色，次 1 对尾羽仅尖端具小的三角形白斑。两性相似。虹膜褐色；上喙角质色，下喙偏粉色；脚粉红色。

生态习性 栖息于阔叶林、针叶林、针阔叶混交林和稀树灌木丛、草地，也见于居民点房屋和田野等地的树木上。

分布范围 见于各省份。

树鹨　摄影 / 郭轩

粉红胸鹨　摄影 / 匡中帆

203. 粉红胸鹨

Anthus roseatus

 Rosy Pipit

体　长　15~17cm

 三有动物

无危

形态特征　上体橄榄灰褐色，上背具显著的黑褐色纵纹；羽缘淡棕白色，呈斑杂状；胸部淡葡萄红色，成鸟繁殖羽胸部几无黑色纵纹，非繁殖羽胸部具黑色纵纹而葡萄红色较浅淡；两胁具黑色纵纹；腋羽鲜黄色。两性相似。虹膜褐色；喙灰色；脚偏粉色。

生态习性　栖息于山坡稀树草地、耕作地和田野，有时也见于林缘和灌木林地带。多单个或结小群在地上活动觅食昆虫和草籽。

分布范围　河北北部、北京、山东、山西、陕西南部、内蒙古东部、宁夏、甘肃北部、青海、新疆西部和南部、西藏、云南、四川、重庆、贵州、湖北、江西、福建西北部、海南。

204. 水鹨

Anthus spinoletta

英文名 Water Pipit

体长 15~17.58cm

保护现状 三有动物

无危

形态特征 中等体型的偏灰色而具纵纹鹨。眉纹显著。繁殖羽下体粉红色而几无纵纹；眉纹粉红色。非繁殖羽粉皮黄色的粗眉线明显；背灰色而具黑色粗纵纹；胸及两胁具浓密的黑色点斑或纵纹。小翼羽柠檬黄色。虹膜褐色；喙灰色；脚偏粉色。

生态习性 栖息于江河、湖泊、沼泽湿地边缘的沙滩、草地和农田及居民点附近。单个或结小群活动，多在农田耕作地和水域边缘的沙石草地上奔走觅食。食物主要是昆虫，兼食草籽等植物性食物。

分布范围 辽宁、北京、天津、河北、山东、河南、山西、陕西、内蒙古中部、宁夏、甘肃东南部、新疆、青海、云南西北部、四川、贵州、湖北、湖南、安徽、江西、江苏、上海、浙江、福建、广东、香港、台湾。

水鹨　摄影 / 张卫民

205. 黄鹡鸰

Motacilla tschutschensis

英 文 名 Eastern Yellow Wagtail

体　　长 16~18cm

保护现状 三有动物

无危

形态特征 中等体型的带褐色或橄榄色鹡鸰。头顶灰色或与背同呈橄榄绿色；腰部稍浅淡；翅上覆羽和飞羽黑褐色，具黄色端缘，形成两道明显的黄色翅斑；尾羽黑褐色，最外侧 2 对大都白色；颏尖白色；头灰色，无眉纹，颏白色而喉黄色；下体余部亮黄色。两性相似。雌鸟及亚成鸟无黄色的臀部。亚成鸟腹部白色。虹膜褐色；喙褐色；脚褐色至黑色。

生态习性 常见三五只结小群在田野或林缘山坡草地、水域边缘的浅滩地带活动，觅食昆虫。

分布范围 黑龙江、吉林、辽宁、北京、河北、河南、山东、山西、陕西、内蒙古、青海、宁夏、甘肃、西藏南部、云南、四川、贵州、湖北、湖南、江西、江苏、上海、浙江、福建、广东、香港、广西、海南、台湾。

206. 灰鹡鸰

Motacilla cinerea

英文名 Gray Wagtail

体 长 16~20cm

保护现状 三有动物

无危

形态特征 中等体型的偏灰色鹡鸰。尾长。前额、头顶至背部概为灰色；腰和尾上覆羽黄绿色；眉纹和颚纹白色；颏、喉至上胸白色（有的稍沾黄色）或黑色（繁殖羽）；胸、腹部至尾下覆羽亮黄色；飞羽黑褐色，内翈基部具白斑，三级飞羽外翈缘黄绿色；尾羽中央 3 对黑色，外侧第 1 对纯白色，第 2 对、第 3 对大部白色，仅外翈黑色；后爪显著弯曲，较后趾为短。成鸟下体黄色，亚成鸟偏白色。虹膜褐色；喙黑褐色；脚粉灰色。

生态习性 常光顾多岩溪流并在潮湿砾石或沙地觅食，也于最高山脉的高山草甸上活动。

分布范围 见于各省份。

灰鹡鸰 摄影 / 郭轩

白鹡鸰　摄影 / 张廷跃

207. 白鹡鸰

Motacilla alba

英文名　White Wagtail

体　长　17~20cm

保护现状　三有动物

无危

形态特征　体羽为黑色和白色；上体大都黑色，下体除胸部具黑斑外，纯白色；翅黑色具显著的白色斑纹；尾羽外侧 2 对几乎纯白色，其余中央尾羽主要呈黑色。非繁殖羽头后、颈背及胸具黑色斑纹，但不如繁殖羽扩展，黑色的多少随亚种而异。虹膜褐色；喙及脚黑色。

生态习性　栖息于江、河、溪流、湖泊、水库坝塘等水域周围的沙滩、石头或沼泽湿地的草地上，也常见于田坝之中和居民区建筑物及砂石马路上。飞行姿势呈波浪起伏，停栖时尾羽不停地上下摆动。多在地上活动觅食，站立时尾羽上下摆动。食物主要为昆虫。

分布范围　见于各省份。

208. 燕雀

Fringilla montifringilla

英文名 Brambling

体　长 13~16cm

保护现状 三有动物

LC 无危

形态特征 斑纹分明的雀鸟。胸棕而腰白色。成年雄鸟头及颈背黑色，背近黑色；腹部白色，两翼及叉形的尾黑色，有醒目的白色“肩”斑和棕色的翼斑，且初级飞羽基部具白色斑点。非繁殖羽雄鸟与繁殖羽雌鸟相似，但头部图纹明显为褐色、灰色及近黑色。虹膜褐色；喙黄色，喙尖黑色；脚粉褐色。

生态习性 喜跳跃和波状飞行。成对或小群活动。冬季可集群达千只以上于地面或树上取食。

分布范围 除宁夏、西藏、青海、海南外，见于各省份。

燕雀　摄影 / 张海波

锡嘴雀 摄影 / 刘应齐

209. 锡嘴雀

Coccothraustes coccothraustes

英文名 Hawfinch

体长 16~18cm

保护现状 三有动物

LC 无危

形态特征 体大而胖墩的偏褐色雀鸟。喙特大而尾较短，具显著的白色宽肩斑。雄雌几乎同色。成鸟具狭窄的黑色眼罩；两翼闪辉蓝黑色（雌鸟灰色较重），初级飞羽上端非同寻常地弯而尖；尾暖褐色而略凹，尾端白色狭窄，外侧尾羽具黑色次端斑；两翼的黑白色图纹上下两面均清楚。幼鸟似成鸟但色较深且下体具深色的小点斑及纵纹。虹膜褐色；喙角质色至近黑色；脚粉褐色。

生态习性 成对或结小群栖息于林地、花园及果园，高可至海拔 3000m。通常惧生而安静。

分布范围 除西藏、云南、海南外，见于各省份。

210. 黑尾蜡嘴雀

Eophona migratoria

无危

英文名 Chinese Grosbeak

体 长 15~18cm

保护现状 三有动物

形态特征 体型略大而敦实的雀鸟。雄鸟整个头部，包括头顶和面部由喙基至颈侧以及颏、喉均辉黑色；后颈、背、肩暗灰褐色；腰及尾上覆羽浅灰色，两翅及尾表面辉黑色，外侧飞羽的末端白色，内侧飞羽及初级覆羽具白端；下喉、胸及腹浅灰色，两胁橙棕色，下腹至尾下覆羽白色。雌鸟头无黑色，上体灰褐色，两翅与雄鸟相同。初级飞羽无白斑，具白色狭缘。下体与雄鸟相似，但羽色较淡。虹膜褐色；喙黄色粗大，端部黑色；脚粉褐色。

生态习性 多见数十只成群，栖息于松树或阔叶树顶端，从不见于密林。食物以野生树果及种子等为主。

分布范围 除宁夏、新疆、西藏、青海外，见于各省份。

黑尾蜡嘴雀 摄影 / 张卫民

普通朱雀（雄） 摄影 / 郭轩

211. 普通朱雀

Carpodacus erythrinus

英文名 Common Rosefinch

体　长 13~15cm

保护现状 三有动物

无危

形态特征 体型略小。雄鸟头鲜红色，由颊到胸红色；翼斑和腰带粉红色，无眉纹，腹白色，脸颊及耳羽色深；雌鸟上体橄榄灰色，额与头顶具斑纹；翼斑淡皮黄色。繁殖羽雄鸟头、胸、腰及翼斑多具鲜亮红色。虹膜深褐色；喙灰色；脚近黑色。

生态习性 喜栖息于沿溪河谷的灌木丛、针阔叶混交林和阔叶林缘，很少到针叶林中；在迁徙时见于柳林、榆林、杂木林以及花园、苗圃和住宅区的树上。单独或小群生活，少有结成大群。性活泼而又多疑。飞翔力强而迅速。食物以叶芽、野生植物种子、浆果等为主，也食小型鞘翅目昆虫和幼虫。

分布范围 见于各省份。

212. 酒红朱雀

无危

Carpodacus vinaceus

酒红朱雀（雌） 摄影 / 匡中帆

英文名 Vinaceous Rosefinch

体　长 13~15cm

保护现状 三有动物

形态特征 体型略小的深色朱雀。雄鸟眉纹粉红色，具光泽，向后伸到后颈；整个体羽暗红色，翅及尾羽黑褐色，具红棕色狭缘。雌鸟上体黄褐色，具黑褐色条纹；下体赭黄色，具暗色条纹。虹膜褐色；喙角质色；脚褐色。

生态习性 多单个或成对活动于林缘灌丛间，或于农耕地内有时单独站立在灌木树顶。以种子、昆虫等为食。

分布范围 河南、陕西南部、宁夏、甘肃南部、云南、四川、重庆、贵州、湖北西部、湖南西部。

酒红朱雀（雄） 摄影 / 郭轩

金翅雀　摄影 / 郭轩

213. 金翅雀

Chloris sinica

英文名　Oriental Greenfinch

体　长　12~14cm

保护现状　三有动物

无危

形态特征　体小的黄色、灰色及褐色雀鸟。具宽阔的黄色翼斑。成体雄鸟顶冠及颈背灰色，背纯褐色，翼斑、外侧尾羽基部及臀黄色。雌鸟色暗，幼鸟色淡且多纵纹。与黑头金翅雀的区别为头无深色图纹，体羽褐色较暖，尾呈叉形。虹膜深褐色；喙偏粉色；脚粉褐色。

生态习性　栖息于海拔 2400m 以下的灌丛、旷野、人工林、林园及林缘地带。

分布范围　除新疆、西藏外，见于各省份。

214. 凤头鹀

Emberiza lathami

英文名 Crested Bunting

体　长 16~18cm

保护现状 三有动物

无危

形态特征 具特征性的细长羽冠。雄鸟辉黑色，两翼及尾栗色，尾端黑色。雌鸟深橄榄褐色，上背及胸满布纵纹，较雄鸟的羽冠为短，翼羽色深且羽缘栗色。虹膜深褐色；喙灰褐色，下喙基粉红色；脚紫褐色。

生态习性 栖息于中国南方大部丘陵开阔地面及矮草地。多在地面活动取食，活泼易见。冬季于稻田取食。

分布范围 陕西南部、西藏东部和东南部、云南、四川、重庆、贵州、湖北、湖南南部、安徽、江西、浙江、福建、广东、香港、澳门、广西、海南、台湾。

凤头鹀（雄）　摄影 / 郭轩

三道眉草鹀　摄影 / 匡中帆

215. 三道眉草鹀

Emberiza cioides

 Meadow Bunting

体　长　13.5~16.5cm

 三有动物

无危

形态特征　体型略大的棕色鹀。具醒目的黑白色头部图纹和栗色的胸带，以及白色的眉纹、上髭纹、颏、喉及胸栗色。繁殖羽雄鸟脸部有别致的褐色及黑白色图纹，胸栗色，腰棕色。雌鸟色较淡，眉线及下颊纹皮黄色，胸浓皮黄色。雄雌两性均似鲜见于中国东北的栗斑腹鹀，但三道眉草鹀的喉与胸对比强烈，耳羽褐色而非灰色，白色翼纹不醒目，上背纵纹较少，腹部无栗色斑块。幼鸟色淡且多细纵纹，甚似戈氏岩鹀及灰眉岩鹀的幼鸟但中央尾羽的棕色羽缘较宽，外侧尾羽羽缘白色。虹膜深褐色；喙双色，上喙色深，下喙蓝灰色而喙端色深；脚粉褐色。

生态习性　栖居高山丘陵的开阔灌丛及林缘地带，冬季下至较低的平原地区。除繁殖期成对或结小群活动外，常几只到几十只一起在地上觅食。以昆虫和杂草种子为食。

分布范围　黑龙江、内蒙古东部、甘肃西北部、新疆北部、青海东部、吉林、辽宁、北京、天津、河北、山东、河南、山西、陕西南部、宁夏、甘肃、云南东北部、四川、重庆、贵州、湖北、湖南、安徽、江西、江苏、上海、浙江、福建、广东、广西、台湾。

216. 西南灰眉岩鹀

Emberiza yunnanensis

英文名 Southern Rock Bunting

体　长 15~17cm

保护现状 三有动物

无危

形态特征 头部灰色较重，侧冠纹栗色而非黑色。与三道眉草鹀的区别在于顶冠纹灰色。雌鸟似雄鸟但色淡。各亚种有异，南方的亚种 *E. y. yunnanensis* 较指名亚种色深且多棕色，最靠西边的亚种 *E. y. decolorata* 色彩最淡。幼鸟头、上背及胸具黑色纵纹，与三道眉草鹀幼鸟几乎无区别。虹膜深褐色；喙蓝灰色；脚粉褐色。

生态习性 喜干燥而多岩石的丘陵、山坡及近森林而多灌木丛的沟壑深谷，也见于农耕地。

分布范围 新疆西部和北部、内蒙古、宁夏、甘肃、西藏、青海、四川、重庆、云南、贵州、广西、黑龙江、辽宁西部、北京、河北东北部、山东、河南、山西、陕西南部、湖北西部、湖南。

西南灰眉岩鹀　摄影 / 匡中帆

217. 黄喉鹀

Emberiza elegans

英文名	Yellow-throated Bunting
体长	15~16cm
保护现状	三有动物

无危

形态特征　雄鸟前额至头顶黑色，形成短的羽冠；宽著的眉纹和喉斑呈亮黄色；头侧和颏及宽阔的胸斑呈黑色；背面棕黄色满布黑色纵纹，肩羽沾灰色；下体余部白色，两胁淡棕具黑色纵纹；最外侧两对尾羽内翈白斑宽阔。雌鸟头顶和整个背面暗棕黄色；眉纹暗黄色；头侧黑褐杂暗棕黄色斑纹；颏、喉至胸淡棕黄色；胸和胁部具暗栗褐色纵纹；腹至尾下覆羽白色。虹膜深栗褐色；喙近黑色；脚浅灰褐色。

生态习性　栖息于丘陵及山脊的干燥落叶林及混交林。越冬在有阴林地、森林及次生灌木丛地带。

分布范围　黑龙江、吉林、辽宁、北京、天津、河北、山东、河南、山西、陕西、内蒙古、宁夏、甘肃、新疆、云南、四川、重庆、贵州、湖北、湖南、安徽、江西、江苏、上海、浙江、福建、广东、香港、广西、台湾。

218. 小鹀

Emberiza pusilla

英文名　Little Bunting

体　长　11~14cm

保护现状　三有动物

无危

形态特征　体小而具纵纹的鹀。非繁殖羽头顶中央冠纹暗栗红色；侧冠纹黑色较显著；眉纹、颊和耳羽棕红色；眼后纹和颚纹黑色；上体棕褐色，满布黑色纵纹；下体淡棕白色；胸和体侧亦有黑色纵纹。繁殖羽成鸟体小而头具黑色和栗色条纹，眼圈色浅。虹膜深红褐色；喙灰色；脚红褐色。

生态习性　冬季结小群活动于低山丘陵地带的阔叶林、针阔混交林、灌丛和针叶林、稀树草坡、耕作区或竹林间。以杂草种子和昆虫为食。

分布范围　见于各省份。

小鹀　摄影 / 匡中帆

灰头鹀　摄影 / 匡中帆

219. 灰头鹀

Emberiza spodocephala

英文名	Black-faced Bunting
体长	13~16cm
保护现状	三有动物

无危

形态特征 眼先、眼圈和喙基线黑色；头、颈、颏、喉至胸灰绿色；上背和肩羽棕褐具黑色纵纹；下背至尾上覆羽橄榄棕褐色；翅、尾黑褐色，外缘棕褐色；腹部黄色，胁部具黑色纵纹；外侧两对尾羽具宽阔白斑。雌鸟上体棕褐色具黑色纵纹；下体黄色；胸部具黑褐色纵纹；余部与雄鸟相似。虹膜深栗褐色；上喙近黑色并具浅色边缘，下喙偏粉色且喙端深色；脚粉褐色。

生态习性 结小群活动于稀树草坡、耕作区和果园。以稻谷和杂草种子为食。

分布范围 除西藏外，见于各省份。

参考文献

陈服官，罗时有，郑光美，等，1998. 中国动物志・鸟纲（第九卷 雀形目：太平鸟科——岩鹨科）[M]. 北京：科学出版社 .

关贯勋，谭耀匡，2003. 中国动物志・鸟纲（第七卷 夜鹰目 雨燕目 咬鹃目 佛法僧目 䴕形目）[M]. 北京：科学出版社 .

孔志红，张海波，粟海军，等，2021. 阿哈湖鸟类图鉴 [M]. 北京：中国林业出版社 .

匡中帆，姚正明，2020. 中国茂兰鸟类 [M]. 北京：科学出版社 .

雷富民，卢汰春，2006. 中国鸟类特有种 [M]. 北京：科学出版社 .

刘阳，陈水华，2021. 中国鸟类观察手册 [M]. 长沙：湖南科学技术出版社 .

孙儒泳，2017. 动物生态学原理 [M]. 北京：北京师范大学出版社 .

孙亚莉，屠玉麟，2004. 赤水桫椤自然保护区受危物种现状及保护 [J]. 贵州师范大学学报（自然科学版），22（4），22–26.

王岐山，马鸣，高育仁，2006. 中国动物志・鸟纲（第五卷 鹤形目 鸻形目 鸥形目）[M]. 北京：科学出版社 .

吴志康，1986. 贵州鸟类志 [M]. 贵阳：贵州人民出版社 .

杨岚，文贤继，韩联宪，等，1994. 云南鸟类志（上卷 非雀形目）[M]. 昆明：云南科技出版社 .

杨岚，杨晓君，等，2004. 云南鸟类志（下卷 雀形目）[M]. 昆明：云南科技出版社 .

印显明，2013. 赤水桫椤国家级自然保护区脊椎动物多样性研究 [D]. 重庆：西南大学 .

约翰・马敬能，2022. 中国鸟类野外手册（上、下册）[M]. 北京：商务印书馆 .

张荣祖，2011. 中国动物地理 [M]. 北京：科学出版社 .

张雁云，郑光美，2021. 中国生物多样性红色名录（第 2 卷 脊椎动物 鸟类）[M]. 北京：科学出版社 .

赵正阶，2001. 中国鸟类志（上卷 非雀形目）[M]. 长春：吉林科学技术出版社 .

郑光美，2023. 中国鸟类分类与分布名录（第四版）[M]. 北京：科学出版社 .

郑作新，1987. 中国鸟类区系纲要 [M]. 北京：科学出版社 .

郑作新，龙泽虞，卢汰春，1995. 中国动物志・鸟纲（第十卷 雀形目：鹟科鸫亚科）[M]. 北京：科学出版社 .

郑作新，龙泽虞，郑宝赉，1987. 中国动物志・鸟纲（第十一卷 雀形目：鹟科画眉亚科）[M]. 北京：科学出版社 .
郑作新，卢汰春，杨岚，等，2010. 中国动物志・鸟纲（第十二卷 雀形目：鹟科：莺亚科、鹟亚科）[M]. 北京：科学出版社 .
郑作新，谭耀匡，卢汰春，等，1978. 中国动物志・鸟纲（第四卷 鸡形目）[M]. 北京：科学出版社 .
郑作新，冼耀华，关贯勋，1991. 中国动物志・鸟纲（第六卷 鹦形目 鹃形目 鸮形目）[M]. 北京：科学出版社 .
郑作新，郑光美，张孚允，等，1997. 中国动物志・鸟纲（第一卷 潜鸟目 鹱鹮目 鹱形目 鹈形目 鹳形目）[M]. 北京：科学出版社 .

附 录

赤水桫椤国家级自然保护区鸟类名录

目、科、种	居留类型	区系	保护级别	CITES附录	中国红色名录	中国特有种
一、鸡形目 GALLIFORMES						
（一）雉科 Phasianidae						
1. 红腹角雉 *Tragopan temminckii*	R	广	二		NT	
2. 白冠长尾雉 *Syrmaticus reevesii*	R	广	一	附录Ⅱ	EN	√
3. 红腹锦鸡 *Chrysolophus pictus*	R	东	二		NT	√
4. 白腹锦鸡 *Chrysolophus amherstiae*	R	东	二		NT	
5. 环颈雉 *Phasianus colchicus*	R	广			LC	
6. 白鹇 *Lophura nycthemera*	R	东	二		LC	
7. 灰胸竹鸡 *Bambusicola thoracicus*	R	东			LC	√
二、雁形目 ANSERIVFORMES						
（二）鸭科 Anatidae						
8. 鸳鸯 *Aix galericulata*	R	古	二		NT	
9. 斑嘴鸭 *Anas zonorhyncha*	R、W	广			LC	
10. 绿头鸭 *Anas platyrhynchos*	W				LC	
11. 绿翅鸭 *Anas crecca*	W				LC	
三、䴙䴘目 PODICIPEDIFORMES						
（三）䴙䴘科 Podicipedidae						
12. 小䴙䴘 *Tachybaptus ruficollis*	R	广			LC	
四、鸽形目 COLUMBIFORMES						
（四）鸠鸽科 Columbidae						
13. 山斑鸠 *Streptopelia orientalis*	R	广			LC	
14. 火斑鸠 *Streptopelia tranquebarica*	R	广			LC	
15. 珠颈斑鸠 *Streptopelia chinensis*	R	广			LC	
五、夜鹰目 CAPRIMULGIFORMES						
（五）雨燕科 Apodidae						

（续）

目、科、种	居留类型	区系	保护级别	CITES附录	中国红色名录	中国特有种
16. 白喉针尾雨燕 *Hirundapus caudacutus*	P				LC	
17. 短嘴金丝燕 *Aerodramus brevirostris*	S	古			NT	
18. 白腰雨燕 *Apus pacificus*	S	古			LC	
19. 小白腰雨燕 *Apus nipalensis*	S	东			LC	
六、鹃形目 CUCULIFORMES						
（六）杜鹃科 Cuculidae						
20. 噪鹃 *Eudynamys scolopacea*	S	广			LC	
21. 翠金鹃 *Chrysococcyx maculatus*	S	东			NT	
22. 乌鹃 *Surniculus lugubris*	S	东			LC	
23. 大鹰鹃 *Hierococcyx sparverioides*	S	广			LC	
24. 四声杜鹃 *Cuculus micropterus*	S	广			LC	
25. 大杜鹃 *Cuculus canorus*	S	广			LC	
26. 中杜鹃 *Cuculus saturatus*	S	古			LC	
七、鹤形目 GRUIFORMES						
（七）秧鸡科 Rallidae						
27. 白胸苦恶鸟 *Amaurornis phoenicurus*	S	广			LC	
28. 黑水鸡 *Gallinula chloropus*	R	广			LC	
29. 白骨顶 *Fulica atra*	W				LC	
八、鹈形目 PELECANIFORMES						
（八）鹭科 Ardeidae						
30. 夜鹭 *Nycticorax nycticorax*	S、R	广			LC	
31. 绿鹭 *Butorides striata*	R、W	广			LC	
32. 池鹭 *Ardeola bacchus*	R、S	广			LC	
33. 牛背鹭 *Bubulcus coromandus*	R	广			LC	
34. 苍鹭 *Ardea cinerea*	R	广			LC	
35. 大白鹭 *Ardea alba*	P				LC	
36. 白鹭 *Egretta garzetta*	R	广			LC	
九、鲣鸟目 SULIFORMES						
（九）鸬鹚科 Phalacrocoracidae						

目、科、种	居留类型	区系	保护级别	CITES附录	中国红色名录	中国特有种
37. 普通鸬鹚 *Phalacrocorax carbo*	W				LC	
十、鸻形目 CHARADRIIFORMES						
（十）鸻科 **Charadriidae**						
38. 灰头麦鸡 *Vanellus cinereus*	W				LC	
39. 金鸻 *Pluvialis fulva*	P				LC	
40. 长嘴剑鸻 *Charadrius placidus*	W				NT	
41. 金眶鸻 *Charadrius dubius*	S	广			LC	
42. 环颈鸻 *Charadrius alexandrinus*	P				LC	
（十一）鹬科 **Scoiopacidae**						
43. 丘鹬 *Scolopax rusticola*	W				LC	
44. 扇尾沙锥 *Gallinago gallinago*	W				LC	
45. 矶鹬 *Actitis hypoleucos*	W、P				LC	
46. 白腰草鹬 *Tringa ochropus*	W				LC	
47. 青脚鹬 *Tringa nebularia*	W				LC	
48. 林鹬 *Tringa glareola*	W、P				LC	
（十二）鸥科 **Laridae**						
49. 西伯利亚银鸥 *Larus vegae*	W				LC	
十一、鸮形目 STRIGIFORMES						
（十三）鸱鸮科 **Strigidae**						
50. 领鸺鹠 *Glaucidium brodiei*	R	广	二	附录Ⅱ	LC	
51. 斑头鸺鹠 *Glaucidium cuculoides*	R	广	二	附录Ⅱ	LC	
52. 领角鸮 *Otus lettia*	R	广	二	附录Ⅱ	LC	
53. 灰林鸮 *Strix nivicolum*	R	古	二	附录Ⅱ	NT	
十二、鹰形目 ACCIPITRIFORMES						
（十四）鹰科 **Accipitridae**						
54. 黑冠鹃隼 *Aviceda leuphotes*	R	东	二	附录Ⅱ	LC	
55. 蛇雕 *Spilornis cheela*	R	东	二	附录Ⅱ	NT	
56. 凤头鹰 *Accipiter trivirgatus*	R	东	二	附录Ⅱ	NT	
57. 白尾鹞 *Circus cyaneus*	W		二	附录Ⅱ	NT	

（续）

目、科、种	居留类型	区系	保护级别	CITES附录	中国红色名录	中国特有种
58. 黑鸢 *Milvus migrans*	R	广	二	附录Ⅱ	LC	
59. 灰脸鵟鹰 *Butastur indicus*	W		二	附录Ⅱ	NT	
60. 普通鵟 *Buteo japonicus*	W		二	附录Ⅱ	LC	
十三、咬鹃目 TROGONIFORMES						
（十五）咬鹃科 Trogonidae						
61. 红头咬鹃 *Harpactes erythrocephalus*	R	东	二		NT	
十四、犀鸟目 BUCEROTIFORMES						
（十六）戴胜科 Upupidae						
62. 戴胜 *Upupa epops*	R	广			LC	
十五、佛法僧目 CORACIIFORMES						
（十七）翠鸟科 Alcedinidae						
63. 普通翠鸟 *Alcedo atthis*	R	广			LC	
64. 冠鱼狗 *Megaceryle lugubris*	R	广			LC	
65. 蓝翡翠 *Halcyon pileata*	S	广			LC	
十六、啄木鸟目 PICIFORMES						
（十八）拟啄木鸟科 Megalaimidae						
66. 大拟啄木鸟 *Psilopogon virens*	R	东			LC	
（十九）啄木鸟科 Picidae						
67. 蚁䴕 *Jynx torquilla*	W、P				LC	
68. 斑姬啄木鸟 *Picumnus innominatus*	R	东			LC	
69. 黄嘴栗啄木鸟 *Blythipicus pyrrhotis*	R	东			LC	
70. 灰头绿啄木鸟 *Picus canus*	R	广			LC	
71. 星头啄木鸟 *Dendrocopos canicapillus*	R	广			LC	
十七、隼形目 FALCONIFORMES						
（二十）隼科 Falconidae						
72. 红隼 *Falco tinnunculus*	R	古	二	附录Ⅱ	LC	
73. 燕隼 *Falco subbuteo*	S	古	二	附录Ⅱ	LC	
74. 游隼 *Falco peregrinus*	R	广	二	附录Ⅰ	NT	
十八、雀形目 PASSERIFORMES						

（续）

目、科、种	居留类型	区系	保护级别	CITES附录	中国红色名录	中国特有种
（二十一）黄鹂科 Oriolidae						
75. 黑枕黄鹂 *Oriolus chinensis*	S	广			LC	
（二十二）莺雀科 Vireonidae						
76. 红翅鵙鹛 *Pteruthius aeralatus*	R	东			LC	
（二十三）山椒鸟科 Campephagidae						
77. 灰喉山椒鸟 *Pericrocotus solaris*	S	东			LC	
78. 短嘴山椒鸟 *Pericrocotus brevirostris*	S	东			LC	
79. 长尾山椒鸟 *Pericrocotus ethologus*	R	广			LC	
80. 灰山椒鸟 *Pericrocotus divaricatus*	P				LC	
81. 粉红山椒鸟 *Pericrocotus roseus*	S	东			LC	
（二十四）卷尾科 Dicruridae						
82. 黑卷尾 *Dicrurus macrocercus*	S	广			LC	
83. 灰卷尾 *Dicrurus leucophaeus*	S	东			LC	
84. 发冠卷尾 *Dicrurus hottentottus*	S	广			LC	
（二十五）王鹟科 Monarchinae						
85. 寿带 *Terpsiphone incei*	S	广			NT	
（二十六）伯劳科 Laniidae						
86. 虎纹伯劳 *Lanius tigrinus*	S	广			LC	
87. 牛头伯劳 *Lanius bucephalus*						
88. 红尾伯劳 *Lanius cristatus*	S、P	广			LC	
89. 棕背伯劳 *Lanius schach*	R	广			LC	
90. 灰背伯劳 *Lanius tephronotus*	S	广			LC	
（二十七）鸦科 Corvidae						
91. 松鸦 *Garrulus glandarius*	R	广			LC	
92. 红嘴蓝鹊 *Urocissa erythrorhyncha*	R	广			LC	
93. 灰树鹊 *Dendrocitta formosae*	R	东			LC	
94. 喜鹊 *Pica serica*	R	广			LC	
95. 小嘴乌鸦 *Corvus corone*	R、W	广			LC	
96. 白颈鸦 *Corvus pectoralis*	R	广			NT	

（续）

目、科、种	居留类型	区系	保护级别	CITES附录	中国红色名录	中国特有种
97. 大嘴乌鸦 *Corvus macrorhynchos*	R	广			LC	
（二十八）玉鹟科 Stenostiridae						
98. 方尾鹟 *Culicicapa ceylonensis*	S	广			LC	
（二十九）山雀科 Paridae						
99. 黄腹山雀 *Periparus venustulus*	R	广			LC	
100. 大山雀 *Parus minor*	R	广			LC	
101. 绿背山雀 *Parus monticolus*	R	广			LC	
（三十）扇尾莺科 Cisticolidae						
102. 棕扇尾莺 *Cisticola juncidis*	R	广			LC	
103. 山鹪莺 *Prinia striata*	R	东			LC	√
104. 纯色山鹪莺 *Prinia inornata*	R	东			LC	
（三十一）鳞胸鹪鹛科 Pnoepygidae						
105. 小鳞胸鹪鹛 *Pnoepyga pusilla*	R	东			LC	
（三十二）燕科 Hirundinidae						
106. 崖沙燕 *Riparia riparia*	P				LC	
107. 淡色崖沙燕 *Riparia diluta*	R	广			LC	
108. 家燕 *Hirundo rustica*	S、P	古			LC	
109. 烟腹毛脚燕 *Delichon dasypus*	S	古			LC	
110. 金腰燕 *Cecropis daurica*	S	广			LC	
（三十三）鹎科 Pycnonotidae						
111. 领雀嘴鹎 *Spizixos semitorques*	R	广			LC	
112. 黄臀鹎 *Pycnonotus xanthorrhous*	R	东			LC	
113. 白头鹎 *Pycnonotus sinensis*	R	广			LC	
114. 绿翅短脚鹎 *Hypsipetes mcclellandii*	R	东			LC	
115. 栗背短脚鹎 *Hemixos castanonotus*	R	东			LC	
116. 黑短脚鹎 *Hypsipetes leucocephalus*	R	东			LC	
（三十四）柳莺科 Phylloscopidae						
117. 黄眉柳莺 *Phylloscopus inornatus*	W				LC	
118. 黄腰柳莺 *Phylloscopus proregulus*	W				LC	

目、科、种	居留类型	区系	保护级别	CITES附录	中国红色名录	中国特有种
119. 棕眉柳莺 *Phylloscopus armandii*	P					
120. 褐柳莺 *Phylloscopus fuscatus*	P				LC	
121. 冕柳莺 *Phylloscopus coronatus*	P				LC	
122. 比氏鹟莺 *Seicercus valentini*	R	东			LC	
123. 暗绿柳莺 *Phylloscopus trochiloides*	S	广			LC	
124. 极北柳莺 *Phylloscopus borealis*	P				LC	
125. 栗头鹟莺 *Seicercus castaniceps*	S	东			LC	
126. 黑眉柳莺 *Phylloscopus ricketti*	S	东			LC	
127. 冠纹柳莺 *Phylloscopus claudiae*	W、P				LC	
128. 白斑尾柳莺 *Phylloscopus ogilviegranti*	S	东			LC	
（三十五）树莺科 Cettiidae						
129. 棕脸鹟莺 *Abroscopus albogularis*	R	东			LC	
130. 强脚树莺 *Horornis fortipes*	R	广			LC	
131. 黄腹树莺 *Horornis acanthizoides*	R	东			LC	
132. 栗头树莺 *Cettia castaneocoronata*	R	东			LC	
（三十六）长尾山雀科 Aegithalidae						
133. 红头长尾山雀 *Aegithalos concinnus*	R	广			LC	
（三十七）鸦雀科 Paradoxornithidae						
134. 棕头雀鹛 *Fulvetta ruficapilla*	R	东			LC	
135. 棕头鸦雀 *Sinosuthora webbianus*	R	广			LC	
136. 灰喉鸦雀 *Sinosuthora alphonsiana*	R	东			LC	
137. 灰头鸦雀 *Psittiparus gularis*	R	东			LC	
（三十八）绣眼鸟科 Zosteropidae						
138. 白领凤鹛 *Parayuhina diademata*	R	东			LC	
139. 栗颈凤鹛 *Staphida torqueola*	R	东			LC	
140. 黑颏凤鹛 *Yuhina nigrimenta*	R	东			LC	
141. 红胁绣眼鸟 *Zosterops erythropleurus*	W、P		二		LC	
142. 暗绿绣眼鸟 *Zosterops simplex*	S	广			LC	
（三十九）林鹛科 Timaliidae						

目、科、种	居留类型	区系	保护级别	CITES附录	中国红色名录	中国特有种
143. 斑胸钩嘴鹛 *Erythrogenys gravivox*	R	广			LC	
144. 棕颈钩嘴鹛 *Pomatorhinus ruficollis*	R	东			LC	
145. 红头穗鹛 *Cyanoderma ruficeps*	R	东			LC	
（四十）幽鹛科 Pellorneidae						
146. 褐胁雀鹛 *Schoeniparus dubius*	R	东			LC	
（四十一）雀鹛科 Alcippeidae						
147. 灰眶雀鹛 *Alcippe davidi*	R	东			LC	
（四十二）噪鹛科 Leichrichidae						
148. 画眉 *Garrulax canorus*	R	东	二	附录Ⅱ	NT	
149. 灰翅噪鹛 *Ianthocincla cineraceus*	R	东			LC	
150. 白颊噪鹛 *Pterorhinus sannio*	R	东			LC	
151. 矛纹草鹛 *Pterorhinus lanceolatus*	R	东			LC	
152. 棕噪鹛 *Pterorhinus berthemyi*	R	东	二			√
153. 橙翅噪鹛 *Trochalopteron elliotii*	R	古	二		LC	√
154. 红尾希鹛 *Minla ignotincta*	R	东			LC	
155. 蓝翅希鹛 *Actinodura cyanouroptera*	R	东			LC	
156. 红嘴相思鸟 *Leiothrix lutea*	R	东	二	附录Ⅱ	LC	
157. 黑头奇鹛 *Heterophasia desgodinsi*	R	东			LC	
（四十三）䴓科 Sittidae						
158. 普通䴓 *Sitta europaea*	R	广			LC	
159. 红翅旋壁雀 *Tichodroma muraria*	R	广			LC	
（四十四）河乌科 Cinclidae						
160. 褐河乌 *Cinclus pallasii*	R	广			LC	
（四十五）椋鸟科 Sturnidae						
161. 八哥 *Acridotheres cristatellus*	R	广			LC	
162. 丝光椋鸟 *Spodiopsar sericeus*	R	广			LC	
163. 灰椋鸟 *Spodiopsar cineraceus*	W				LC	
（四十六）鸫科 Turdidae						
164. 虎斑地鸫 *Zoothera aurea*	W				LC	

（续）

目、科、种	居留类型	区系	保护级别	CITES附录	中国红色名录	中国特有种
165. 灰翅鸫 *Turdus boulboul*	P	东			LC	
166. 乌鸫 *Turdus mandarinus*	R	广			LC	√
167. 斑鸫 *Turdus eunomus*	W				LC	
（四十七）鹟科 Muscicapidae						
168. 鹊鸲 *Copsychus saularis*	R	东			LC	
169. 乌鹟 *Muscicapa sibirica*	S、P	广			LC	
170. 北灰鹟 *Muscicapa dauurica*	P				LC	
171. 白喉林鹟 *Cyornis brunneatus*	S	东	二		VU	
172. 棕腹大仙鹟 *Niltava davidi*	W		二		LC	
173. 棕腹仙鹟 *Niltava sundara*	S	东			LC	
174. 铜蓝鹟 *Eumyias thalassinus*	S	广			LC	
175. 红胁蓝尾鸲 *Tarsiger cyanurus*	W				LC	
176. 小燕尾 *Enicurus scouleri*	R	东			LC	
177. 灰背燕尾 *Enicurus schistaceus*	R	东			LC	
178. 白额燕尾 *Enicurus leschenaulti*	R	广			LC	
179. 斑背燕尾 *Enicurus maculatus*	R	东			LC	
180. 紫啸鸫 *Myophonus caeruleus*	R	广			LC	
181. 白眉姬鹟 *Ficedula zanthopygia*	S	广			LC	
182. 红喉姬鹟 *Ficedula albicilla*	P				LC	
183. 灰蓝姬鹟 *Ficedula tricolor*	S	广			LC	
184. 赭红尾鸲 *Phoenicurus ochruros*	R	古			LC	
185. 北红尾鸲 *Phoenicurus auroreus*	R	古			LC	
186. 蓝额红尾鸲 *Phoenicuropsis frontalis*	R	古			LC	
187. 红尾水鸲 *Rhyacornis fuliginosa*	R	广			LC	
188. 白顶溪鸲 *Chaimarrornis leucocephalus*	R	广			LC	
189. 蓝矶鸫 *Monticola solitarius*	R、P	广			LC	
190. 栗腹矶鸫 *Monticola rufiventris*	R	东			LC	
191. 黑喉石䳭 *Saxicola maurus*	R、P	广			LC	
192. 灰林䳭 *Saxicola ferreus*	R	广			LC	

（续）

目、科、种	居留类型	区系	保护级别	CITES附录	中国红色名录	中国特有种
（四十八）戴菊科 Regulidae						
193. 戴菊 *Regulus regulus*	R	古			LC	
（四十九）啄花鸟科 Dicaeidae						
194. 纯色啄花鸟 *Dicaeum concolor*	R	东			LC	
195. 红胸啄花鸟 *Dicaeum ignipectus*	R	东			LC	
（五十）花蜜鸟科 Nectariniidae						
196. 蓝喉太阳鸟 *Aethopyga gouldiae*	R	东			LC	
197. 叉尾太阳鸟 *Aethopyga christinae*	R	东			LC	
（五十一）梅花雀科 Estrildidae						
198. 白腰文鸟 *Lonchura striata*	R	广			LC	
（五十二）雀科 Passeridae						
199. 山麻雀 *Passer cinnamomeus*	R	广			LC	
200. 麻雀 *Passer montanus*	R	广			LC	
（五十三）鹡鸰科 Motacillidae						
201. 山鹡鸰 *Dendronanthus indicus*	S	古			LC	
202. 树鹨 *Anthus hodgsoni*	W、P				LC	
203. 粉红胸鹨 *Anthus roseatus*	R、W	古			LC	
204. 水鹨 *Anthus spinoletta*	P				LC	
205. 黄鹡鸰 *Motacilla tschutschensis*	P				LC	
206. 灰鹡鸰 *Motacilla cinerea*	R	古			LC	
207. 白鹡鸰 *Motacilla alba*	R	广			LC	
（五十四）燕雀科 Fringillidae						
208. 燕雀 *Fringilla montifringilla*	W、P				LC	
209. 锡嘴雀 *Coccothraustes coccothraustes*	W				LC	
210. 黑尾蜡嘴雀 *Eophona migratoria*	R、W	广			LC	
211. 普通朱雀 *Carpodacus erythrinus*	R	广			LC	
212. 酒红朱雀 *Carpodacus vinaceus*	R	广			LC	
213. 金翅雀 *Chloris sinica*	R	广			LC	
（五十五）鹀科 Emberizidae						

（续）

目、科、种	居留类型	区系	保护级别	CITES附录	中国红色名录	中国特有种
214. 凤头鹀 *Melophus lathami*	R	东			LC	
215. 三道眉草鹀 *Emberiza cioides*	R	古			LC	
216. 西南灰眉岩鹀 *Emberiza yunnanensis*	R	古			LC	
217. 黄喉鹀 *Emberiza elegans*	R	古			LC	
218. 小鹀 *Emberiza pusilla*	R	广			LC	
219. 灰头鹀 *Emberiza spodocephala*	R	古			LC	

注　居留类型：R. 留鸟，S. 夏候鸟，W. 冬候鸟，P. 旅鸟。

区系：东 . 东洋种，古 . 古北种，广 . 广布种。

保护级别：一 . 国家一级保护野生动物，二 . 国家二级保护野生动物。

CITES 附录：《濒危野生动植物种国际贸易公约（2023 年版）》附录。

中国红色名录：《中国生物多样性红色名录——脊椎动物 第二卷 鸟类》，EN. 濒危，VU. 易危，NT. 近危，LC. 无危。

中国特有种：√ . 中国特有种。

中文名索引

A

暗绿柳莺…… 131
暗绿绣眼鸟…… 150

B

八哥…… 169
白斑尾柳莺…… 136
白顶溪鸲…… 196
白额燕尾…… 186
白腹锦鸡…… 12
白骨顶…… 37
白冠长尾雉…… 10
白喉林鹟…… 179
白喉针尾雨燕…… 24
白鹡鸰…… 215
白颊噪鹛…… 158
白颈鸦…… 104
白领凤鹛…… 146
白鹭…… 44
白眉姬鹟…… 189
白头鹎…… 121
白尾鹞…… 65
白鹇…… 14
白胸苦恶鸟…… 35
白腰草鹬…… 54
白腰文鸟…… 206
白腰雨燕…… 26
斑背燕尾…… 187
斑鸫…… 175
斑姬啄木鸟…… 76
斑头鸺鹠…… 59
斑胸钩嘴鹛…… 151
斑嘴鸭…… 17
北红尾鸲…… 193
北灰鹟…… 178
比氏鹟莺…… 130

C

苍鹭…… 42
叉尾太阳鸟…… 205
长尾山椒鸟…… 87
长嘴剑鸻…… 48
橙翅噪鹛…… 161
池鹭…… 40
纯色山鹪莺…… 112
纯色啄花鸟…… 202
翠金鹃…… 29

D

大白鹭…… 43
大杜鹃…… 33
大拟啄木鸟…… 74
大山雀…… 108
大鹰鹃…… 31
大嘴乌鸦…… 105
戴菊…… 201
戴胜…… 70
淡色崖沙燕…… 115
短嘴金丝燕…… 25
短嘴山椒鸟…… 86

F

发冠卷尾…… 92
方尾鹟…… 106
粉红山椒鸟…… 89
粉红胸鹨 …… 211
凤头鹀…… 222
凤头鹰…… 64

G

冠纹柳莺…… 135
冠鱼狗…… 72

H
褐河乌…………………………………168
褐柳莺…………………………………128
褐胁雀鹛………………………………154
黑短脚鹎………………………………124
黑冠鹃隼………………………………62
黑喉石䳭………………………………199
黑卷尾…………………………………90
黑颏凤鹛………………………………148
黑眉柳莺………………………………134
黑水鸡…………………………………36
黑头奇鹛………………………………165
黑尾蜡嘴雀……………………………218
黑鸢……………………………………66
黑枕黄鹂………………………………83
红翅鵙鹛………………………………84
红翅旋壁雀……………………………167
红腹角雉………………………………9
红腹锦鸡………………………………11
红喉姬鹟………………………………190
红隼……………………………………80
红头穗鹛………………………………153
红头咬鹃………………………………69
红头长尾山雀…………………………141
红尾伯劳………………………………96
红尾水鸲………………………………195
红胁蓝尾鸲……………………………183
红胁绣眼鸟……………………………149
红胸啄花鸟……………………………203
红嘴蓝鹊………………………………100
红嘴相思鸟……………………………164
虎斑地鸫………………………………172
虎纹伯劳………………………………94
画眉……………………………………156
环颈鸻…………………………………50
环颈雉…………………………………13
黄腹山雀………………………………107
黄腹树莺………………………………139
黄喉鹀…………………………………225
黄鹡鸰…………………………………213
黄眉柳莺………………………………125
黄臀鹎…………………………………120
黄腰柳莺………………………………126
黄嘴栗啄木鸟…………………………77
灰背伯劳………………………………98
灰背燕尾………………………………185
灰翅鸫…………………………………173
灰翅噪鹛………………………………157
灰喉山椒鸟……………………………85
灰喉鸦雀………………………………144
灰鹡鸰…………………………………214
灰卷尾…………………………………91
灰眶雀鹛………………………………155
灰蓝姬鹟………………………………191
灰脸鵟鹰………………………………67
灰椋鸟…………………………………171
灰林䳭…………………………………200
灰林鸮…………………………………61
灰山椒鸟………………………………88
灰树鹊…………………………………101
灰头绿啄木鸟…………………………78
灰头麦鸡………………………………46
灰头鹀…………………………………227
灰头鸦雀………………………………145
灰胸竹鸡………………………………15
火斑鸠…………………………………22
火尾希鹛………………………………162

J
矶鹬……………………………………53
极北柳莺………………………………132
家燕……………………………………116
金翅雀…………………………………221
金鸻……………………………………47
金眶鸻…………………………………49
金腰燕…………………………………118
酒红朱雀………………………………220

L
蓝翅希鹛………………………………163
蓝额红尾鸲……………………………194
蓝翡翠…………………………………73

蓝喉太阳鸟……………………………… 204
蓝矶鸫……………………………………… 197
栗背短脚鹎……………………………… 123
栗腹矶鸫………………………………… 198
栗颈凤鹛………………………………… 147
栗头树莺………………………………… 140
栗头鹟莺 ……………………………… 133
林鹬………………………………………… 56
领角鸮……………………………………… 60
领雀嘴鹎………………………………… 119
领鸺鹠……………………………………… 58
绿背山雀………………………………… 109
绿翅短脚鹎……………………………… 122
绿翅鸭……………………………………… 19
绿鹭………………………………………… 39
绿头鸭……………………………………… 18

M

麻雀……………………………………… 208
矛纹草鹛………………………………… 159
冕柳莺……………………………………… 129

N

牛背鹭……………………………………… 41
牛头伯劳………………………………… 95

P

普通翠鸟………………………………… 71
普通鵟……………………………………… 68
普通鸬鹚………………………………… 45
普通䴓……………………………………… 166
普通朱雀 ……………………………… 219

Q

强脚树莺………………………………… 138
青脚鹬……………………………………… 55
丘鹬………………………………………… 51
鹊鸲………………………………………… 176

S

三道眉草鹀……………………………… 223
山斑鸠……………………………………… 21
山鹡鸰……………………………………… 209
山鹪莺……………………………………… 111
山麻雀……………………………………… 207
扇尾沙锥………………………………… 52
蛇雕………………………………………… 63
寿带………………………………………… 93
树鹨………………………………………… 210
水鹨………………………………………… 212
丝光椋鸟………………………………… 170
四声杜鹃………………………………… 32
松鸦………………………………………… 99

T

铜蓝鹟……………………………………… 182

W

乌鸫………………………………………… 174
乌鹃………………………………………… 30
乌鹟………………………………………… 177

X

西伯利亚银鸥…………………………… 57
西南灰眉岩鹀…………………………… 224
锡嘴雀……………………………………… 217
喜鹊………………………………………… 102
小白腰雨燕……………………………… 27
小鳞胸鹪鹛……………………………… 113
小䴙䴘……………………………………… 20
小鹀………………………………………… 226
小燕尾……………………………………… 184
小嘴乌鸦………………………………… 103
星头啄木鸟……………………………… 79

Y

崖沙燕……………………………………… 114
烟腹毛脚燕……………………………… 117
燕雀………………………………………… 216
燕隼………………………………………… 81
夜鹭………………………………………… 38
蚁䴕………………………………………… 75

游隼…………………………………… 82
鸳鸯…………………………………… 16

Z

噪鹃…………………………………… 28
赭红尾鸲………………………………… 192
中杜鹃………………………………… 34
珠颈斑鸠………………………………… 23
紫啸鸫………………………………… 188
棕背伯劳………………………………… 97
棕腹大仙鹟……………………………… 180
棕腹仙鹟………………………………… 181
棕颈钩嘴鹛……………………………… 152
棕脸鹟莺………………………………… 137
棕眉柳莺………………………………… 127
棕扇尾莺………………………………… 110
棕头雀鹛………………………………… 142
棕头鸦雀………………………………… 143
棕噪鹛………………………………… 160

英文名索引

A

Arctic Warbler …… 132
Ashy Drongo …… 91
Ashy Minivet …… 88
Ashy-throated Parrotbill …… 144
Asian Barred Owlet …… 59
Asian Brown Flycacher …… 178
Asian House Martin …… 117

B

Barn Swallow …… 116
Bay Woodpecker …… 77
Bianchi's Warbler …… 130
Black Baza …… 62
Black Bulbul …… 124
Black Drongo …… 90
Black Kite …… 66
Black Redstart …… 192
Black-capped Kingfisher …… 73
Black-chinned Yuhina …… 148
Black-crowned Night Heron …… 38
Black-faced Bunting …… 227
Black-naped Oriole …… 83
Black-streaked Scimitar Babbler …… 151
Black-throated Tit …… 141
Blue Rock Thrush …… 197
Blue Whistling Thrush …… 188
Blue-fronted Redstart …… 194
Blue-winged Minla …… 163
Blyth's Shrike Babbler …… 84
Brambling …… 216
Brown Dipper …… 168
Brown Shrike …… 96
Brown-breasted Bulbul …… 120
Brown-chested Jungle Flycatcher …… 179
Brownish-flanked Bush Warbler …… 138
Buffy Laughingthrush …… 160
Bull-headed Shrike …… 95

C

Carrion Crow …… 103
Cattle Egret …… 41
Chestnut Bulbul …… 123
Chestnut-bellied Rock Thrush …… 198
Chestnut-crowned Warbler …… 133
Chestnut-flanked White-eye …… 149
Chestnut-headed Tesia …… 140
Chinese Babax …… 159
Chinese Bamboo Partridge …… 15
Chinese Blackbird …… 174
Chinese Grosbeak …… 218
Chinese Hwamei …… 156
Chinese Paradise Flycatcher …… 93
Chinese Pond Heron …… 40
Chinese Spot-billed Duck …… 17
Claudia's Leaf Warble …… 135
Collared Crow …… 104
Collared Finchbill …… 119
Collared Owlet …… 58
Collared Scops Owl …… 60
Common Coot …… 37
Common Cuckoo …… 33
Common Greenshank …… 55
Common Kingfisher …… 71
Common Koel …… 28
Common Koel …… 29
Common Moorhen …… 36
Common Pheasant …… 13
Common Rosefinch …… 219
Common Sandpiper …… 53
Common Snipe …… 52
Crested Bunting …… 222
Crested Goshawk …… 64
Crested Kingfisher …… 72

Crested Myna ······ 169
Crested Serpent Eagle ······ 63

D

Dark-backed Sibia ······ 165
Dark-sided Flycatcher ······ 177
Daurian Redstart ······ 193
David's Fulvetta ······ 155
Drongo Cuckoo ······ 30
Dusky Thrush ······ 175
Dusky Warblerr ······ 128

E

Eastern Buzzard ······ 68
Eastern Crowned Warbler ······ 129
Eastern Yellow Wagtail ······ 213
Elliot's Laughingthrush ······ 161
Eurasian Hoopoe ······ 70
Eurasian Jay ······ 99
Eurasian Kestrel ······ 80
Eurasian Nuthatc ······ 166
Eurasian Tree Sparrow ······ 208
Eurasian Woodcock ······ 51

F

Fire-breasted Flowerpecker ······ 203
Forest Wagtail ······ 209
Fork-tailed Sunbird ······ 205
Fork-tailed Swift ······ 26
Fujian Niltava ······ 180

G

Goldcrest ······ 201
Golden Pheasant ······ 11
Gray Treepie ······ 101
Gray Wagtail ······ 214
Great Barbet ······ 74
Great Cormorant ······ 45
Great Egret ······ 43
Great Tit ······ 108
Green Sandpiper ······ 54
Green-backed Heron ······ 39
Green-backed Tit ······ 109
Greenish Warbler ······ 131
Green-winged teal ······ 19
Grey Bushchat ······ 200
Grey Heron ······ 42
Grey-backed Shrike ······ 98
Grey-capped Woodpecker ······ 79
Grey-chinned Minnvet ······ 85
Grey-faced Buzzard ······ 67
Grey-faced Woodpecker ······ 78
Grey-Headed Canary-flycatcher ······ 106
Grey-headed Lapwing ······ 46
Grey-headed Parrotbill ······ 145
Grey-winged Blackbird ······ 173

H

Hair-crested Drongo ······ 92
Hawfinch ······ 217
Hen Harrier ······ 65
Himalayan Cuckoo ······ 34
Himalayan Owl ······ 61
Himalayan Swiftlet ······ 25
Hobby ······ 81
House Swift ······ 27

I

Indian Cuckoo ······ 32
Indochinese Yuhina ······ 147

K

Kentish Plover ······ 50
Kloss's Leaf Warbler ······ 136

L

Lady Amherst's Pheasant ······ 12
Large Hawk Cuckoo ······ 31
Large-billed Crow ······ 105
Light-vented Bulbul ······ 121
Little Bunting ······ 226
Little Egret ······ 44

Little Forktail ································ 184
Little Grebe ································ 20
Little Ringed Plover ························ 49
Long-billed Plover ·························· 48
Long-tailed Minivet ························ 87
Long-tailed shrike ·························· 97

M

Mallard ···································· 18
Mandarin Duck ······························ 16
Meadow Bunting ···························· 223
Mountain Bulbul ···························· 122
Moustached Laughingthrush ················ 157
Mrs. Gould's Sunbird ······················ 204

O

Olive-backed Pipit ························ 210
Orange-flanked Bush-robin ················ 183
Oriental Greenfinch ······················· 221
Oriental Magpie ··························· 102
Oriental Magpie-Robin ···················· 176
Oriental Turtle Dove ······················ 21

P

Pacific Golden Plover ····················· 47
Pale Martin ································ 115
Pallas's Leaf Warbler ····················· 126
Peregrine Falcon ·························· 82
Plain Flowerpecker ························ 202
Plain Prinia ······························· 112
Plumbeous Water Redstart ················· 195
Pygmy Cupwing ···························· 113

R

Red Turtle Dove ··························· 22
Red-billed Bule Magpie ···················· 100
Red-billed Leiothrix ······················ 164
Red-billed Starling ······················· 170
Red-headed Trogon ························· 69
Red-rumped Swallow ························ 118
Red-tailed Minla ·························· 162
Reeves's Pheasant ························· 10
Rosy Minivet ······························ 89
Rosy Pipit ································ 211
Rufous-bellied Niltava ···················· 181
Rufous-capped Babbler ····················· 153
Rufous-faced Warbler ······················ 137
Russet Sparrow ···························· 207
Rusth-capped Fulvetta ····················· 154

S

Sand Martin ······························· 114
Short-billed Minivet ······················ 86
Siberian Stonechat ························ 199
Silver Pheasant ··························· 14
Slaty-backed Forktail ····················· 185
Slaty-blue Flycatcher ····················· 191
Southern Rock Bunting ····················· 224
Speckled Piculet ·························· 76
Spectacled Fulvetta ······················· 142
Spotted Dove ······························ 23
Spotted Forktail ·························· 187
Streak-breasted Scimitar Babbler ········· 152
Striated Prinia ··························· 111
Sulphur-breasted Warbler ················· 134
Swinhoe's White-eye ······················ 150

T

Taiga Flycatcher ·························· 190
Temminck's Tragopan ······················· 9
Tiger Shrike ······························ 94

V

Vega Gull ································· 57
Verditer Flycatcher ······················· 182
Vinaceous Rosefinch ······················· 220
Vinous-throated Parrotbill ················ 143

W

Wallcreeper ······························· 167
Water Pipit ······························· 212
White Wagtail ····························· 215

White's Thrush ······························ 172
White-breasted Waterhen ················· 35
White-browed Laughingthrush ············ 158
White-capped Water-redstart··············· 196
White-cheeked Starling ····················· 171
White-collared Yuhina. ····················· 146
White-crowned Forktail ···················· 186
White-rumped Munia························ 206
White-throated Spinetail ·················· 24
Wood Sandpiper ······························ 56
Wryneck ······································ 75

Y

Yellow-bellied Bush Warbler ··············· 139
Yellow-bellied Tit ··························· 107
Yellow-browed Warbler ····················· 125
Yellow-rumped Flycatcher·················· 189
Yellow-streaked Warbler ··················· 127
Yellow-throated Bunting ··················· 225

Z

Zitting Cisticola ···························· 110

学名索引

A

Abroscopus albogularis ······ 137
Accipiter trivirgatus ······ 64
Acridotheres cristatellus ······ 169
Actinodura cyanouroptera ······ 163
Actitis hypoleucos ······ 53
Aegithalos concinnus ······ 141
Aerodramus brevirostris ······ 25
Aethopyga christinae ······ 205
Aethopyga gouldiae ······ 204
Aix galericulata ······ 16
Alcedo atthis ······ 71
Alcippe davidi ······ 155
Amaurornis phoenicurus ······ 35
Anas crecca ······ 19
Anas platyrhynchos ······ 18
Anas zonorhyncha ······ 17
Anthus hodgsoni ······ 210
Anthus roseatus ······ 211
Anthus spinoletta ······ 212
Apus nipalensis ······ 27
Apus pacificus ······ 26
Ardea alba ······ 43
Ardea cinerea ······ 42
Ardeola bacchus ······ 40
Aviceda leuphotes ······ 62

B

Bambusicola thoracicus ······ 15
Blythipicus pyrrhotis ······ 77
Bubulcus coromandus ······ 41
Butastur indicus ······ 67
Buteo japonicus ······ 68
Butorides striata ······ 39

C

Carpodacus erythrinus ······ 219
Carpodacus vinaceus ······ 220
Cecropis daurica ······ 118
Cettia castaneocoronata ······ 140
Charadrius alexandrinus ······ 50
Charadrius dubius ······ 49
Charadrius placidus ······ 48
Chloris sinica ······ 221
Chrysococcyx maculatus ······ 29
Chrysolophus amherstiae ······ 12
Chrysolophus pictus ······ 11
Cinclus pallasii ······ 168
Circus cyaneus ······ 65
Cisticola juncidis ······ 110
Coccothraustes coccothraustes ······ 217
Copsychus saularis ······ 176
Corvus corone ······ 103
Corvus macrorhynchos ······ 105
Corvus pectoralis ······ 104
Cuculus canorus ······ 33
Cuculus micropterus ······ 32
Cuculus saturatus ······ 34
Culicicapa ceylonensis ······ 106
Cyanoderma ruficeps ······ 153
Cyornis brunneatus ······ 179

D

Delichon dasypus ······ 117
Dendrocitta formosae ······ 101
Dendrocopos canicapillus ······ 79
Dendronanthus indicus ······ 209
Dicaeum ignipectus ······ 203
Dicaeum minullum ······ 202
Dicrurus hottentottus ······ 92

Dicrurus leucophaeus ······ 91
Dicrurus macrocercus ······ 90

E

Egretta garzetta ······ 44
Emberiza cioides ······ 223
Emberiza elegans ······ 225
Emberiza lathami ······ 222
Emberiza pusilla ······ 226
Emberiza spodocephala ······ 227
Emberiza yunnanensis ······ 224
Enicurus leschenaulti ······ 186
Enicurus maculatus ······ 187
Enicurus schistaceus ······ 185
Enicurus scouleri ······ 184
Eophona migratoria ······ 218
Erythrogenys gravivox ······ 151
Eudynamys scolopacea ······ 28
Eumyias thalassinus ······ 182

F

Falco peregrinus ······ 82
Falco subbuteo ······ 81
Falco tinnunculus ······ 80
Ficedula albicilla ······ 190
Ficedula tricolor ······ 191
Ficedula zanthopygia ······ 189
Fringilla montifringilla ······ 216
Fulica atra ······ 37
Fulvetta ruficapilla ······ 142

G

Gallinago gallinago ······ 52
Gallinula chloropus ······ 36
Garrulax canorus ······ 156
Garrulus glandarius ······ 99
Glaucidium brodiei ······ 58
Glaucidium cuculoides ······ 59

H

Halcyon pileata ······ 73
Harpactes erythrocephalus ······ 69
Hemixos castanonotus ······ 123
Heterophasia desgodinsi ······ 165
Hierococcyx sparverioides ······ 31
Hirundapus caudacutus ······ 24
Hirundo rustica ······ 116
Horornis acanthizoides ······ 139
Horornis fortipes ······ 138
Hypsipetes leucocephalus ······ 124

I

Ianthocincla cineracea ······ 157
Ixos mcclellandii ······ 122

J

Jynx torquilla ······ 75

L

Lanius bucephalus ······ 95
Lanius cristatus ······ 96
Lanius schach ······ 97
Lanius tephronotus ······ 98
Lanius tigrinus ······ 94
Larus vegae ······ 57
Leiothrix lutea ······ 164
Lonchura striata ······ 206
Lophura nycthemera ······ 14

M

Megaceryle lugubris ······ 72
Milvus migrans ······ 66
Minla ignotincta ······ 162
Monticola rufiventris ······ 198
Monticola solitarius ······ 197
Motacilla alba ······ 215
Motacilla cinerea ······ 214
Motacilla tschutschensis ······ 213
Muscicapa dauurica ······ 178
Muscicapa sibirica ······ 177
Myophonus caeruleus ······ 188

N

Niltava davidi ········ 180
Niltava sundara ········ 181
Nycticorax nycticorax ········ 38

O

Oriolus chinensis ········ 83
Otus lettia ········ 60

P

Parayuhina diademata ········ 146
Pardaliparus venustulus ········ 107
Parus major ········ 108
Parus monticolus ········ 109
Passer cinnamomeus ········ 207
Passer montanus ········ 208
Pericrocotus brevirostris ········ 86
Pericrocotus divaricatus ········ 88
Pericrocotus ethologus ········ 87
Pericrocotus roseus ········ 89
Pericrocotus solaris ········ 85
Phalacrocorax carbo ········ 45
Phasianus colchicus ········ 13
Phoenicuropsis frontalis ········ 194
Phoenicurus auroreus ········ 193
Phoenicurus fuliginosus ········ 195
Phoenicurus leucocephalus ········ 196
Phoenicurus ochruros ········ 192
Phylloscopus armandii ········ 127
Phylloscopus borealis ········ 132
Phylloscopus claudiae ········ 135
Phylloscopus coronatus ········ 129
Phylloscopus fuscatus ········ 128
Phylloscopus inornatus ········ 125
Phylloscopus ogilviegranti ········ 136
Phylloscopus proregulus ········ 126
Phylloscopus ricketti ········ 134
Phylloscopus trochiloides ········ 131
Phylloscopus valentini ········ 130
Pica sericea ········ 102
Picumnus innominatus ········ 76
Picus canus ········ 78
Pluvialis fulva ········ 47
Pnoepyga pusilla ········ 113
Pomatorhinus ruficollis ········ 152
Prinia inornata ········ 112
Prinia striata ········ 111
Psilopogon virens ········ 74
Psittiparus gularis ········ 145
Pterorhinus berthemyi ········ 160
Pterorhinus lanceolatus ········ 159
Pterorhinus sannio ········ 158
Pteruthius aeralatus ········ 84
Pycnonotus sinensis ········ 121
Pycnonotus xanthorrhous ········ 120

R

Regulus regulus ········ 201
Riparia diluta ········ 115
Riparia riparia ········ 114

S

Saxicola ferreus ········ 200
Saxicola maurus ········ 199
Schoeniparus dubius ········ 154
Scolopax rusticola ········ 51
Seicercus castaniceps ········ 133
Sinosuthora alphonsiana ········ 144
Sinosuthora webbianus ········ 143
Sitta europaea ········ 166
Spilornis cheela ········ 63
Spizixos semitorques ········ 119
Spodiopsar cineraceus ········ 171
Spodiopsar sericeus ········ 170
Staphida torqueola ········ 147
Streptopelia chinensis ········ 23
Streptopelia orientalis ········ 21
Streptopelia tranquebarica ········ 22
Strix nivicolum ········ 61
Surniculus lugubris ········ 30
Syrmaticus reevesii ········ 10

T

Tachybaptus ruficollis ························ 20
Tarsiger cyanurus ··························· 183
Terpsiphone incei ··························· 93
Tichodroma muraria ························ 167
Tragopan temminckii ··························· 9
Tringa glareola ······························ 56
Tringa nebularia ··························· 55
Tringa ochropus ······························ 54
Trochalopteron elliotii ······················ 161
Turdus boulboul ······························ 173
Turdus eunomus ······························ 175
Turdus mandarinus ··························· 174

U

Upupa epops ································· 70
Urocissa erythrorhyncha ····················· 100

V

Vanellus cinereus ····························· 46
Yuhina nigrimenta ··························· 148

Z

Zoothera aurea ······························ 172
Zosterops erythropleurus ··················· 149
Zosterops simplex ··························· 150